和好友来道
下午茶
Afternoon Tea

各式美味下午茶点倾情奉上

吴文达 编 著

山西出版传媒集团 山西科学技术出版社

图书在版编目（CIP）数据

和好友来道下午茶 / 吴文达编著.—太原：山西
科学技术出版社，2016.4
　　ISBN 978-7-5377-5303-6

　　Ⅰ．①和… Ⅱ．①吴… Ⅲ．①茶叶－介绍 Ⅳ.
①TS272.5

　　中国版本图书馆CIP数据核字(2016)第053475号

和好友来道下午茶

出 版 人：张金柱
编　　著：吴文达
策　　划：深圳市金版文化发展股份有限公司
责 任 编 辑：马军艳
责 任 发 行：阎文凯
版 式 设 计：深圳市金版文化发展股份有限公司
封 面 设 计：深圳市金版文化发展股份有限公司

出 版 发 行：山西出版传媒集团·山西科学技术出版社
　　　　　　地址：太原市建设南路21号　邮编：030012
编辑部电话：0351-4922134　0351-4922145
发 行 电 话：0351-4922121
经　　销：各地新华书店
印　　刷：深圳市雅佳图印刷有限公司
网　　址：www.sxkxjscbs.com
微　　信：sxkjcbs

开　　本：720mm×1020mm　1/16　印张：14
字　　数：240千字
版　　次：2016年4月第1版　2016年4月第1次印刷
印　　数：8000册

书　　号：ISBN 978-7-5377-5303-6
定　　价：36.00元

本社常年法律顾问：王葆柯
如发现印、装质量问题，影响阅读，请与印刷厂联系调换。

前言
PREFACE

法国美食家妙莉叶·芭贝里在她的《终极美味》一书中提到："吃糕点不要在充饥果腹的时候，才仔细品尝它的细致。香甜柔软的甜品绝对不是用来满足基本的欲望，而是在味蕾涂上一层世界的美好。"

也许，感受这个世界的美好，就是下午茶的精髓所在。

喝茶是我们的传统，云南的普洱茶，福建的乌龙茶，湖南的黑茶，江浙的龙井，北京的茉莉香片，蒙古的奶茶，西藏的酥油茶，无论是从南到北，从西到东，还是从古至今，茶文化早已成为中华文明的重要组成部分。但是，说到下午茶，这还真的是从17世纪的英国传过来的。

"下午茶"与"茶"并不是一回事。喝茶最讲究的是"茶"本身，而下午茶，说到底喝的其实是一种气氛和享受。

说起下午茶，其实不必完全局限于杯杯碟碟、礼仪烦琐的英式下午茶。那种刻意的优雅虽然也很美，但是对于生活在现代社会的我们来说，实在是有些华而不实，可望而不可即。我们做这本书的初衷，其实就是希望那些热爱美食、热爱甜品、热爱生活的人们，能够体会自己动手的乐趣，能够随时在一个慵懒的下午招呼三五好友，在自家的阳台上晒着太阳，来一个休闲的下午茶聚会，在美味和轻松之间，享受嘴角上扬的幸福，优雅地吐槽，淡定地八卦。

首先，在本书的第一章，我们为您讲解下午茶文化和经典的下午茶单品茶饮及其搭配。红茶、绿茶、普洱茶、奶茶、花草茶、咖啡，都可以搭配美味的点心，而它们各自的口味不同，所搭配的茶点又有所区别。

第二章介绍的是下午茶经典单品中的点心和甜品。各色点心和甜品是下午茶的一大特色。我们将它们的制作过程详细地呈现在您的面前，保证让您能快速学会。

介绍完单品，在第三章就为您介绍经典的下午茶套餐。25种套餐中，您可以随意选择，也可以根据口味和喜好，参考我们的搭配指引，另行搭配。每一种搭配里的单品都有详细的制作步骤说明，非常方便。

接下来，在第四章和第五章中，为您介绍经典、优雅的英式下午茶套餐和浪漫甜蜜的法式下午茶套餐。只要参照我们的搭配，就能轻松打造出你想要的下午茶氛围。

另外，需要特别说明的是，由于甜点的制作过程相对于一般菜肴来说要复杂一些，所以，我们的所有饮品和点心，除了配有精美大图和详细制作步骤之外，有些还配有制作过程图，方便您参阅。如果这样还是不够直观，那就拿出您的手机，扫一下每一个茶点、饮品旁边的二维码，详细的制作视频立即为您呈现，保证一看就懂，一学就会。

我们都只是热爱美食的普通人，既不是专业西点学校毕业生，也不是星级酒店大厨，所以，我们的下午茶只想和每一位热爱生活的人一起分享。让我们和家人、朋友一起享受午后那只属于彼此的静静时光吧。

目 录
CONTENTS

Part 01
偷得浮生半日闲，下午茶开始了

Part 02
下午茶经典单品之点心、甜品

Part 03
经典下午茶套餐，简约不简单

Part 04
英式下午茶，优雅的小聚会

Part 05
法式下午茶，浪漫甜蜜的约会

Part 01

偷得浮生半日闲，
下午茶开始了

　　温温软软春来，绿绿浓浓夏至，山山水水秋起，白雪皑皑冬藏，瓷器银盏轻吟，淡淡奶香袅娜，恰是下午三点，好友茶会时间。让我们从繁忙的节奏中暂时抽身出来，跳一曲轻盈的茶舞，享受片刻闲散的时光。

　　不过，下午茶可不仅仅就是衣香鬓影、优雅先行的英式，它还有憨态可掬、舒适惬意的广式。无论哪一式，都是叫人缓下脚步，享受当下的生活。

了解下午茶文化

说起下午茶，通常人们印象中的都是英国贵族那一套既烦琐又优雅的下午茶。随着时代的发展，美食文化的全球化，下午茶也慢慢衍生出多种形式。除了英式下午茶，还有浪漫法式下午茶、中国的广式下午茶等。

❧ 英式下午茶的由来 ❧

相传第一位开始喝下午茶的人应该是生活在19世纪初期，维多利亚时代一位懂得享受生活的英国公爵夫人安娜贝德芙七世。贝德芙夫人常在下午4时感到意兴阑珊、百无聊赖，而此时距离穿着正式、礼节繁复的晚餐还有一段时间，又感觉肚子有点饿，就请女仆准备几片烤面包、奶油和茶，作为果腹之用。贝德芙夫人很享受用茶点的过程，经常邀请亲友共饮下午茶，同时也可以闲话家常，同享轻松惬意的午后时光。随后，下午茶就在当时贵族社交圈内蔚为风尚，

名媛仕女趋之若鹜。一直到今天，优雅自在的英式下午茶已俨然形成一种文化，并与正统的英国红茶文化相融合，这也是所谓"维多利亚下午茶"的由来。

下午茶最初只是英国贵族在家中用高级、优雅的茶具来享用茶点，后来渐渐演变成招待友人的社交茶会，进而衍生出各种礼节。虽然现在下午茶已经简化，但是茶的正确冲泡方式、喝茶的优雅摆设和丰盛的茶点，这三点则被视为下午茶的传统而流传下来。

❧ 英式下午茶的特色 ❧

据说正宗的英国下午茶有下面三大特色：一是优雅舒适的环境，如家中的客厅或花园。请客的主人都会以家中最好的房间招待客人。当宾客围坐于桌子前面，主人就吩咐侍女捧来放有茶叶的宝箱，在众人面前开启，以示茶叶之金贵。二是提前准备好丰盛的冷热点心(最好是由女主人亲手调制)和高档的茶具——细瓷杯碟或银质茶具，银光闪闪，晶莹剔透。在缺乏阳光的英国，银质茶具往往透着人们对阳光的渴望。三是要有悠扬轻松的古典音乐来佐茶，宾主都要衣着得体。

维多利亚时代的女性去赴下午茶会，是一定要穿缀了花边的蕾丝裙的，还要将腰束紧。茶要滴滴润饮，点心要细细品尝，交谈要低声絮语，举止要仪态万方。男士则要衣着淡雅入时，举止彬彬有礼。对于贵族来说，下午茶会是仅次于晚宴和晚会的非正式社交场合。至于一般家庭的人们，他们也会利用下午茶的时间走亲访友。往往是在家中最好的客厅里，小家碧玉的女主人殷勤地沏好茶，烤制好虽然样式不太精美但用料绝对实惠的点心，供客人享用。

至于自家的下午茶，则大可不必讲求那些礼仪，但也要关起门来营造点气氛，把玩点小小的情调。家人小聚，其乐融融，也很风雅。有的人家甚至多年如一日地坚持在某个落地窗前观察着窗外的某一幅固定景色饮一杯茶，每天观察窗外景色与前一天的细微差别。365天的同一时刻只看一个地方的一个景物，这是一种执着的浪漫。不少英国人往往一个人也要全副武装地用下午茶点，一招一式、一点一滴，毫不敷衍自己。

❧ 英式下午茶的饮食搭配 ❧

传统的英式下午茶，到底有着什么样的魔力，如此迷幻着英国人的胃口？如果是未曾品尝过英式下午茶的人，在侍者将三层架的点心送上桌时，马上就能体会到英式下午茶的精巧和贵族气息。待一层层品尝之后，则更能体会是什么样的美味让人停不下来。

通常三层塔的第一层会放置各式咸味三明治，如火腿、芝士等口味。第二层和第三层则摆上甜点。英式下午茶第二层多放有草莓塔，其他如泡芙、饼干或巧克力，则由主厨随心搭配。第三层的甜点也不会固定放什么，而是主厨选放适合的点心，一般为蛋糕和水果塔。

茶点的食用顺序应该遵从"味道由淡而重，由咸而甜"的法则。先尝尝带点咸味的三明治，让味蕾慢慢品出食物的真味，再啜饮几口芬芳四溢的红茶。接下来是涂抹上果酱或奶油的英式松饼，让些许甜味在口腔中慢慢散发，最后才由甜腻厚实的水果塔，带领你体验下午茶点的美妙。

如果是自制的下午茶，当然可以有更多的选择。喜欢喝咖啡，就可以选择咖啡；喜欢喝绿茶，就可以选择绿茶，并不一定非要配红茶。如果担心喝完下午茶晚上睡不着，可以备一些西式花茶，如洋甘菊花茶、薄荷茶。如果实在不喜欢茶类，当然还有果汁可以选择。

✦ 法式下午茶 ✦

如果你对下午茶的定义还停留在英式三层Afternoon Tea，那么法式下午茶将会打破你对下午茶的固有印象。法式传统下午茶源自贵族沙龙，除了品尝美食以外，还要追求更精致的生活方式和更具有仪式感的浪漫新潮风尚。

19世纪的巴黎，下午茶沙龙一场接一场，贵族名媛们和文化艺术界精英谈笑风生，于是更具仪式感的下午茶应运而生，由穿着传统马甲和长围裙的服务生推着摆满各色甜品的手推车穿梭席间。

推车上的甜品种类多到让人眼花缭乱：巴黎布雷斯特车轮泡芙、酥皮杏塔、传统兰姆酒蛋糕、烤布雷、香蕉清奶油巧克力蛋糕、抹茶芒果慕斯蛋糕，每一款都由法国米其林星级水准的大厨精心打造。在这些蛋糕中选择自己喜欢的那一款之后，服务生会为你搭配各式酱汁、水果及冰霜，法国红酒泡水果、热带水果、红果、草莓覆盆子水果浓汁、清打发奶油、英式蛋奶酱，不同的搭配也会产生意想不到的奇妙滋味。

传统法式甜点的精致摆盘也是一种视觉上的享受，简约的白色餐盘变身画布，各色甜品为主体，搭配艳丽清新的特调酱汁，再点缀上轻盈的水果，好似一幅印象派画作跃然纸上。

✦ 中式下午茶 ✦

中式下午茶包括的种类非常多，有各地不同口味和样式的点心、咸味食品、茶等。其中，以广式下午茶最为普遍。下午茶风气最初由欧洲流传到香港，并慢慢普及开来。而一般的写字楼，也会有"三点三"(3时15分)下午茶时段，让大家可以小憩一番。在1980年，这一风气随着港式文化的流行而传到广州。当时，广州流行的是夜茶，从晚上9点到12点。不过广州人爱吃、爱休闲、爱享受，慢慢地从夜茶也蔓延到下午茶。通常的下午茶市在2点或3点半左右开

始，至晚饭之前结束。那时，首先揭开下午茶大幕的是中国大酒店，之后所有的茶楼餐厅都跟风直追，连带快餐店、西餐厅都推出下午茶。开始，这种中式下午茶往往都是早茶的特价版，但是后来深受广州人欢迎，逐渐就形成了气候。到1990年，夜茶日渐式微，而下午茶成了和早茶并列的双骄。下午茶点心更是和早茶点心明显区分开来，种类更丰富，不再像之前那样，由传统"四大天王"的叉烧包、牛肉丸、烧卖、虾饺一统天下。

下午茶单品之茶饮及搭配

"下午茶"包括各种点心和甜品，当然，"茶"是必须要有的。温馨红茶、清爽绿茶、香甜奶茶、健康花草茶、浓香咖啡、活力果汁，都能成为"下午茶"的一份子，让人精神放松，身心愉悦。

◆ 红茶 ◆

红茶是下午茶的标配之一。红茶是由新鲜的茶叶经过发酵而成，即以适宜的茶树新芽为原料，经过杀青、揉捻、发酵、干燥等工艺而成。制成的红茶其鲜叶中的茶多酚减少90%以上，新生出茶黄素、茶红素以及香气物质等成分，因其干茶的色泽和冲泡的茶汤以红色为主调，故名红茶。

{ 常见红茶种类 }

红茶的发源地在我国的福建省武夷山茶区。自17世纪起，西方商人成立东印度公司，用茶船将红茶从我国运往世界各地，红茶深受不同国度王室贵族的青睐。红茶是我国第二大出产茶类，出口量占我国茶叶总产量的50%左右，销往世界60多个国家和地区。尽管世界上的红茶品种众多，产地很广，但多数红茶品种都是由我国红茶发展而来。

世界四大名红茶分别为

大吉岭
红茶

阿萨姆
红茶

锡兰高地
红茶

祁门
红茶

红汤、红叶、香甜味醇都是红茶的主要特征。祁门红茶外形苗秀，色有"宝光"，香气浓郁；阿萨姆红茶浓稠浓烈、清透鲜亮；大吉岭红茶汤色橙黄，气味芬芳高雅，带有葡萄香；锡兰高地红茶汤色橙红明亮，上品的汤面有金黄色的光圈。

{ 红茶的冲泡及品饮方法 }

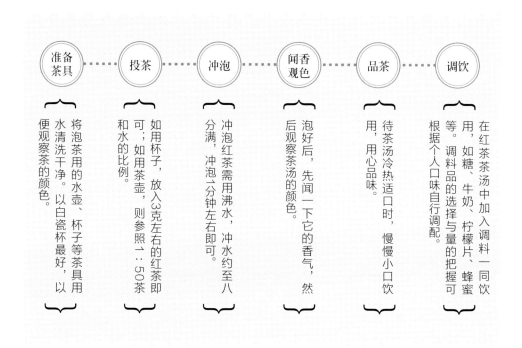

准备茶具 → 投茶 → 冲泡 → 闻香观色 → 品茶 → 调饮

将泡茶用的水壶、杯子等茶具用水清洗干净。以白瓷杯最好，以便观察茶的颜色。

如用杯子，放入3克左右的红茶即可；如用茶壶，则参照1∶50茶和水的比例。

冲泡红茶需用沸水，冲水约至八分满，冲泡1分钟左右即可。

泡好后，先闻一下它的香气，然后观察茶汤的颜色。

待茶汤冷热适口时，慢慢小口饮用，用心品味。

在红茶茶汤中加入调料一同饮用，如糖、牛奶、柠檬片、蜂蜜等。调料品的选择与量的把握可根据个人口味自行调配。

{ 红茶如何搭配甜点 }

红茶的品质风格与绿茶迥然不同。绿茶以保持天然绿色为贵，而红茶则以红艳为上。不少喜欢喝清淡绿茶的人都不愿尝试味道醇厚的红茶，觉得它的味道过于苦涩，似乎少了茶的轻逸之感。而红茶是全发酵茶，口感较重是它的特色，也是它的好处，特别适宜秋冬季节饮用。

红茶是一种包容性很强的茶，和什么配起来都不会觉得奇怪。红茶适合搭配有奶油的蛋糕、泡芙等甜味较浓的甜品，也可以搭配咸味苏打饼干、三明治等。

❖ 绿茶 ❖

绿茶，又称不发酵茶，是以适宜茶树的新梢为原料，经过杀青、揉捻、干燥等典型工艺制成的茶叶。由于干茶的色泽和冲泡后的茶汤、叶底均以绿色为主调，因此称为绿茶。

{ 常见绿茶种类 }

绿茶是历史上最早的茶类。古代人类采集野生茶树芽叶晒干收藏，可以看作是绿茶加工的发始，距今至少有三千多年。绿茶为我国产量最大的茶类，产区分布于各产茶区。其中以浙江、安徽、江西三省产量最高，质量最优，是我国绿茶生产的主要基地。中国绿茶中，名品最多，如西湖龙井、洞庭碧螺春、黄山毛峰、信阳毛尖等。

{ 绿茶的冲泡及品饮方法 }

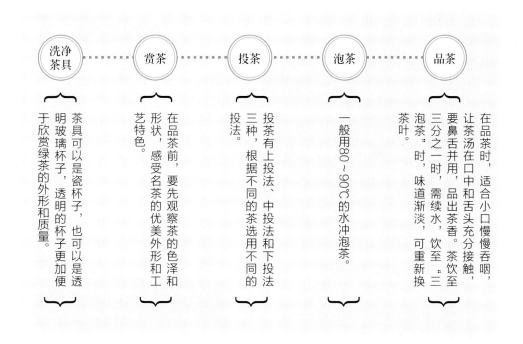

洗净茶具 ···· 赏茶 ···· 投茶 ···· 泡茶 ···· 品茶

洗净茶具： 茶具可以是瓷杯子，也可以是透明玻璃杯子，透明的杯子更加便于欣赏绿茶的外形和质量。

赏茶： 在品茶前，要先观察茶的色泽和形状，感受名茶的优美外形和工艺特色。

投茶： 投茶有上投法、中投法和下投法三种，根据不同的茶选用不同的投法。

泡茶： 一般用80~90℃的水冲泡茶。

品茶： 在品茶时，适合小口慢慢吞咽，让茶汤在口中和舌头充分接触，要鼻舌并用，品出茶香。茶饮至三分之一时，需续水，饮至"泡茶"时，味道渐淡，可重新换茶叶。

上投法泡茶，先注水后投茶，可以避免紧实的细嫩名茶因水温过高而影响到茶汤和茶姿。其弊端是会使杯中茶汤浓度上下不一，影响茶香的发挥。龙井、碧螺春适合上投法。

中投法先投茶，后注少量水漫过茶叶，用手晃动杯子，茶叶完全浸润后再高冲。一般对任何茶都适合，而且这一方法也解决了水温过高对茶叶带来的破坏，可以更好地发挥茶的香味。但是泡茶的过程有些烦琐，操作起来比较麻烦。黄山毛峰、庐山云雾适合中投法。

下投法先投茶，再以沸水高冲，对茶叶的选择要求不高。此法冲出的茶汤，茶汁易浸出，不会出现上下浓淡不一的情况，色、香、味都可以得到有效的发挥，因此在日常生活中使用的最多。六安瓜片、太平猴魁等适合下投法。

｛绿茶如何搭配甜点｝

绿茶味本清淡，要清饮，才能品出茶的滋味。清代茶书《续茶经》的"试茶三要"这一节也有提到："茶有真香，有佳味，有正色。烹点之际，不宜以珍果香草杂之。夺其香者，松子、柑橙、莲心、木瓜、梅花、茉莉、蔷薇、木樨之类是也。夺其味者，牛乳、番桃、荔枝、圆眼、枇杷之类是也。夺其色者，柿饼、胶枣、火桃、杨梅、橙桔之类者是也。凡饮佳茶，去果方觉清绝。杂之则无辨矣。若欲用之，所宜核桃、榛子、瓜仁、杏仁、榄仁、栗子、银杏之类，或可用也。"太多的甜味会抢夺绿茶的滋味，而坚果比较适合与绿茶搭配，但对于喜欢甜品的人来说，未免太过残忍。因此，绿茶配一些简单的坚果蛋糕，也是不错的选择。另外，做蛋糕时也可以适当少加糖。

◂ 普洱茶 ▸

普洱茶，是采用绿茶或黑茶经蒸压而成的各种云南紧压茶的总称，包括沱茶、饼茶、方茶、紧茶等。产普洱茶的植株又名野茶树，在云南南部和海南均有分布。普洱茶自古以来就在云南省普洱县一带集散，因此得名。

｛常见普洱茶种类｝

普洱茶的分类，从加工程序上，可分为直接加工为成品的生普和经过人工速成发酵后再加工而成的熟普；从形制上，又分散茶和紧压茶两类。

{ 普洱茶的冲泡及品饮方法 }

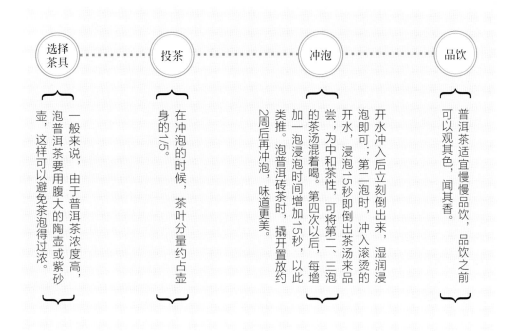

选择茶具 ┈┈ 投茶 ┈┈ 冲泡 ┈┈ 品饮

选择茶具

一般来说，由于普洱茶浓度高，泡普洱茶要用腹大的陶壶或紫砂壶，这样可以避免茶泡得过浓。

投茶

在冲泡的时候，茶叶分量约占壶身的1/5。

冲泡

开水冲入后立刻倒出来，湿润浸泡即可；第二泡时，冲入滚烫的开水，浸泡15秒即倒出茶汤来品尝，为中和茶性，可将第二、三泡的茶汤混着喝。第四次以后，每增加一泡浸泡时间增加15秒，以此类推。泡普洱砖茶时，撬开置放约2周后再冲泡，味道更美。

品饮

普洱茶适宜慢慢品饮，品饮之前可以观其色，闻其香。

{ 普洱茶如何搭配甜点 }

普洱茶滋味醇厚回甘，具有独特的陈香味儿，可暖胃养气、解腻消脂，有着"茶中之茶"的赞誉。普洱茶的浓度高，具有耐泡的特性，一般可以续冲10次以上。因此，普洱茶也是下午茶茶饮的极佳选择。普洱和红茶类似，搭配比较甜的蛋糕、点心都可以，咸的点心也不错。

⊰ 奶茶 ⊱

　　牛奶与茶的融合，就产生了奶气茶香的奶茶。奶茶兼具牛奶和茶的双重营养，是家常美食之一，风行世界。

{ 奶茶种类 }

　　奶茶品种包括奶茶粉、冰奶茶、热奶茶等。在内蒙古地区则以草原奶茶为主，用以降火、驱寒。印度奶茶，以加入玛萨拉的特殊香料闻名；中国香港奶茶则以丝袜奶茶著称；中国台湾的珍珠奶茶也独具特色。

{ 如何制作奶茶 }

　　因气候的不同，奶茶的方式主要有两种。南方讲究"拉茶"，两个杯子间牛奶和茶倒来倒去，在空中拉出一道棕色弧线，以便茶乳交融。北方则讲究的是"煮"，将牛奶倒入锅中，煮沸后加入红茶，再用小火煮数分钟，加糖或盐过滤装杯。

　　要熬出一壶醇香沁人的奶茶，除茶叶本身的质量要好外，水质、火候和茶乳比重也很重要。一般说来，可口的奶茶并不是奶越多越好，应当是茶乳比例相当，既有茶的清香，又有奶的甘醇，二者偏多偏少味道都不好。还有，奶茶煮好后，应即刻饮用或盛于热水壶以备饮用，避免在锅内放的时间长了，锅锈影响奶茶的色、香、味。

{ 奶茶如何搭配甜点 }

　　奶茶本身已有牛奶的甜香，再搭配过甜的糕点容易让人感觉甜腻，因此，可选择咸味的苏打饼干，或是甜味较淡的酥饼搭配比较好。不过冰冻过的奶茶别有风味，本身也不会那么腻，因此可以搭配口感有点干的面包、三明治等。

❖ 花草茶 ❖

花草茶是以花卉植物的花蕾、花瓣或嫩叶为原材料，经过采收、干燥、加工后制作而成的保健饮品。花草茶起源于欧洲，一般特指那些不含茶叶成分的香草类饮品，所以花草茶其实是不含"茶叶"的成分。花草茶种类繁多、特征各异，因此，在饮用时必须弄清不同种类的花草茶的药理、药效特性，才能充分发挥花草茶的保健功能。

{ 常用花草茶及其功效 }

菊花	菊花具有清热解渴、益肝补阴、明目解毒、润喉生津、降脂降压、减肥养颜、耐老延年之功效。常饮菊花茶对恢复眼睛疲劳和视力模糊也有很好的疗效。
茉莉花	茉莉花具有疏肝和胃、理气解郁、润肠通便、消除肠胃不适、安神、防治头昏的功效。喝茉莉花茶能减轻女性月经痛，并能减肥、美容。茉莉花与粉红玫瑰花搭配饮用对瘦身有较好的效果。
玫瑰花	玫瑰花味甘微苦、性温，可调经、消肿、活血散瘀、促进血液循环、养颜美容，长期饮用亦有助于促进新陈代谢，但孕妇不宜饮用。
金银花	金银花性微寒，清热解毒、润肠通便，对咽喉肿痛、扁桃体炎、疖痈、肠炎有较好的食疗效果。
百合花	百合花有去火安神、清凉润肺之功效，也可清肠胃、排毒、治疗便秘。百合花适宜与玫瑰花、柠檬、马鞭草一起泡饮。
洛神花	洛神花具有解除疲劳、护肤养颜、活气补血、降压瘦身、改善便秘的功效。与玫瑰花配合使用，减肥效果更佳。
桂花	桂花味道甘甜、清香四溢，闻之令人神情舒畅，可驱除体内湿气，具有润肺、止咳化痰、润肠通便、减轻胀气、缓解肠胃不适之功效。
薄荷	薄荷饮用部位为薄荷的叶片、根。薄荷有消菌、强肝、健胃、提神醒脑、帮助消化的功能。另外，薄荷还能清新口气，去油腻，对肥胖、糖尿病等有较好的疗效。

{ 花茶的冲泡及品饮方法 }

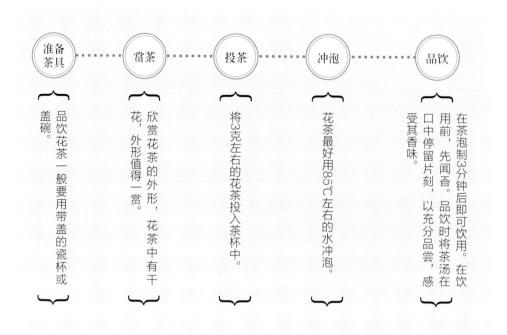

准备茶具 → 赏茶 → 投茶 → 冲泡 → 品饮

准备茶具：品饮花茶一般要用带盖的瓷杯或盖碗。

赏茶：欣赏花茶的外形，花茶中有干花，外形值得一赏。

投茶：将3克左右的花茶投入茶杯中。

冲泡：花茶最好用85℃左右的水冲泡。

品饮：在茶泡制3分钟后即可饮用。在饮用前，先闻香。品饮时将茶汤在口中停留片刻，以充分品尝，感受其香味。

{ 花茶如何搭配甜点 }

花草茶种类很多，可以根据不同的味道来搭配。总体来说，对于洛神花、玫瑰花等酸味较强的花草茶，可以配上甜味较重的蜂蜜蛋糕、奶油蛋糕等。有苹果香的甘菊茶当然最适合搭配用水果做成的蛋糕。玫瑰、金盏花等香气柔和的花草茶，建议搭配辛辣味强的点心，如姜饼、姜面包等。薄荷、柠檬等比较清爽刺激的花草茶可搭配巧克力类的甜点，以冲淡甜味，让口中充满刺激性的提神香味。

◆ 咖啡 ◆

清晨起床后喝一杯醒脑，白天工作时轻咽一口提神，还可以在闲暇时饮一杯咖啡、吃几块蛋糕，和朋友聊天小聚。咖啡丰富着我们的生活，也缩短了你我之间的距离。美餐之后，冲上一杯咖啡，读一份报纸，和恋人、朋友及家人在一起共享温馨舒适、乐趣无穷的美好时光，是一种幸福。

{ 咖啡的种类有哪些 }

浓缩咖啡	原文是意大利语，有"立即为你煮"的意思，是俗称的意大利特浓咖啡。浓缩咖啡是利用高压，让沸水在短短几秒钟迅速通过咖啡粉，得到咖啡，味苦而浓香。
玛奇朵	原文为意大利语，代表"印记、烙印"的意思，发音为"玛奇雅朵"，但我们习惯称呼它"玛奇朵"。玛奇朵是在浓咖啡上加上薄薄一层热奶泡以保持咖啡温度，细腻香甜的奶泡能缓冲浓咖啡带来的苦涩冲击。想喝咖啡但又无法舍弃甜味的你，可以选择玛奇朵。
美式咖啡	使用滴滤式咖啡壶、虹吸壶、法压壶之类的器具所制作出的黑咖啡，又或者是在意大利浓缩咖啡中加入大量的水制成。口味比较淡，但因为萃取时间长，所以咖啡因含量高。
白咖啡	马来西亚土特产，约有100多年的历史。白咖啡并不是指咖啡的颜色是白色的，而是采用特等咖啡豆及特级脱脂奶精原料，经特殊工艺加工后得到的咖啡，甘醇芳香不伤肠胃，保留了咖啡原有的色泽和香味，颜色比普通咖啡更清淡柔和，故得名为白咖啡。
拿铁	拿铁咖啡做法极其简单，就是在刚刚做好的意大利浓缩咖啡中倒入接近沸腾的牛奶。至于加入多少牛奶，可依个人口味自由调配。
康宝蓝	意大利语中，Con是搅拌，Panna是生奶油，康宝蓝即意式浓缩咖啡加上鲜奶油。有一种说法是，正宗的康宝蓝要配一颗巧克力或太妃糖，先将巧克力或太妃糖含在嘴里，再喝咖啡，让美味一起在口中绽放。

卡布奇诺	传统的卡布奇诺咖啡是三分之一浓缩咖啡，三分之一蒸汽牛奶和三分之一泡沫牛奶。卡布奇诺分为干和湿两种。干卡布奇诺(Dry Cappuccino)是指奶泡较多、牛奶较少的调理法，喝起来咖啡味浓过奶香。湿卡布奇诺(Wet Cappuccino)则指奶泡较少，牛奶量较多的做法，奶香盖过浓呛的咖啡味，适合口味清淡者。
摩卡	一种最古老的咖啡，得名于著名的摩卡港。摩卡是由意大利浓缩咖啡、巧克力糖浆、鲜奶油和牛奶混合而成的，是意式拿铁咖啡的变种。

{ 咖啡如何搭配甜点 }

口味浓厚的咖啡与口味浓重的甜品相配；反之，口味较清淡的咖啡与口味较清淡的食品相匹配。清淡的甜食，如小曲奇、苏打饼或水果塔，配以中等醇度的咖啡最为合适。加有巧克力的甜点最为甜腻，食用时最好配以味道较浓重的咖啡。巧克力成分越多，咖啡味道应越浓厚。

❖ 果汁 ❖

果汁也是下午茶的标配之一，是水果经过物理方法压榨、离心、萃取等得到的汁液产品，一般是指纯果汁或100%果汁。常见的各种水果都可以榨成果汁，如苹果、梨、香蕉、猕猴桃等，也可以根据季节的变化，适当加入新鲜蔬菜，做成蔬果汁，美味又健康，别有风味。

果汁按形态分为澄清果汁和混浊果汁。澄清果汁澄清透明，如苹果汁；而混浊果汁均匀混浊，如橙汁。按果汁含量分为纯果汁和果汁饮料。一般来说，自己准备下午茶，鲜榨纯果汁最佳。

味道醇厚的果汁，如香蕉、木瓜、火龙果、草莓、芒果、杏子等榨成的果汁，适合搭配比较清爽的芝士蛋糕、小饼干等。而清新的柠檬、黄瓜、雪梨、西瓜、柚子、芹菜、哈密瓜等果汁则更适合甜味较重的奶油蛋糕、泡芙、奶酪等甜品。

难易度 ★ ☆ ☆ ☆ ☆　　*Time 35min*

～ OL柠檬红茶 ～

清新的柠檬搭配醇厚的红茶，最经典的下午茶单品。

● **材料** *Raw material*

红茶1包，柠檬片少许

● **调料** *Condiment*

方糖10克

● **做法** *Practice*

1 取一个茶杯，放入红茶包。

2 注入适量开水，泡一会儿，至其散发清香味。

3 放入备好的方糖，搅拌匀，至其溶化。

4 撒上备好的柠檬片，泡出香味，趁热饮用即可。

Tips

泡红茶时最好盖住杯口，能使红茶的香味更浓郁。

难易度★☆☆☆☆ *Time 6.5min*

玫瑰红茶

保守又经典的下午茶标配之一，蜂蜜淡化了玫瑰的涩味。

● **材料** *Raw material*

红茶叶6克，玫瑰花5克

● **调料** *Condiment*

蜂蜜少许

● **做法** *Practice*

1 取备好的茶壶，放入红茶叶和玫瑰花，注入开水。

2 盖上盖子，浸泡一小会儿，倒出茶壶中的水。

3 取下盖子，再次注入适量开水。

4 盖好盖，泡约5分钟，至其析出有效成分。

5 另取一个干净的茶杯，倒入茶壶中的茶水。

6 加入少许蜂蜜，快速搅拌匀即可饮用。

Tips
浸泡玫瑰花的时间不宜太长，以免减轻了玫瑰花的花香味。

难易度 ★ ☆ ☆ ☆ ☆　*Time 17min*

～ 姜汁红茶 ～

● **材料** *Raw material*

老姜70克，红茶叶10克

● **做法** *Practice*

1　将洗净去皮的老姜切段，再切成片。

2　砂锅中注水烧开，倒入姜片，盖上盖，煮沸后用小火煮约10分钟，转中火保温。

3　取备好的茶壶，放入红茶叶，盛入姜汁，浸泡一会儿，倒出壶中的茶水。

4　再次盛入姜汁，至八九分满，盖上盖，泡约5分钟，至其散出茶香味，倒入茶杯中，趁热饮用即可。

难易度 ★ ★ ☆ ☆ ☆　*Time 70min*

～ 养肝茶 ～

● **材料** *Raw material*

五味子、枸杞、红枣、炙甘草各适量

● **做法** *Practice*

1　将五味子、炙甘草装入隔渣袋里，系好袋口，装入碗中，再放入红枣、枸杞，倒入清水泡发10分钟，取出沥干水分备用。

2　砂锅中注入适量清水，倒入五味子、红枣、炙甘草，盖上盖，大火煮开转小火煮50分钟，至有效成分析出。

3　揭盖，放入枸杞，搅拌，续煮10分钟，将煮好的茶倒入杯中即可。

难易度 ★ ☆ ☆ ☆ ☆　*Time 12min*

～ 桂花甘草绿茶 ～

难易度 ★ ☆ ☆ ☆ ☆　*Time 32min*

～ 摩卡冰咖啡 ～

● **材料** *Raw material*

甘草30克，绿茶叶20克，桂花
25克

● **调料** *Condiment*

蜂蜜20克

● **做法** *Practice*

1　砂锅中注入水烧开，倒入洗净的甘草、绿
　　茶叶、桂花，拌匀，大火煮5分钟。

2　关火后闷5分钟至入味。

3　揭盖，盛出煮好的茶，倒入茶杯中，加入
　　蜂蜜即可。

● **材料** *Raw material*

咖啡100毫升，牛奶100毫
升，可可粉20克，打发鲜
奶油50克，冰块适量

● **做法** *Practice*

1　把可可粉倒入杯中，注入牛奶，搅匀。

2　倒入咖啡，快速搅拌至可可粉完全溶化，
　　用保鲜膜封好杯口，冷藏约30分钟。

3　取出冷藏好的冰咖啡，去除保鲜膜。

4　加入备好的冰块，再铺上打发好的鲜奶油
　　即可饮用。

～ 牛奶冰咖啡 ～

经典、醇香，冰箱常备饮品，用来招待客人，绝对让人赞不绝口。

● **材料** *Raw material*

牛奶100毫升，速溶咖啡粉30克，冰块适量

● **工具** *Tool*

保鲜膜适量

● **做法** *Practice*

1 取一杯子，倒入咖啡粉，加入开水，搅拌均匀。

2 再倒入牛奶，搅拌均匀。

3 待放凉后封上保鲜膜，放入冰箱冷藏30分钟。

4 取出冷藏好的牛奶咖啡，揭开保鲜膜，再放入冰块即可饮用。

Tips
可依个人喜好，加入适量白糖增加甜味。

难易度★ ☆ ☆ ☆ ☆　*Time 35min*

冰镇杏仁巧克力奶茶

一口醇香，愿你的心情就像这香浓的奶茶一般宁静、温馨。

● **材料** *Raw material*

红茶1包，杏仁碎10克，牛奶120毫升，热水、巧克力酱、冰块各适量

● **工具** *Tool*

保鲜膜适量

● **做法** *Practice*

1　把热水装在杯中，放入备好的红茶包，抖动几下。

2　浸泡约3分钟，泡好后取出红茶包，注入牛奶，搅匀。

3　用保鲜膜封好杯口，冷藏约30分钟。

4　取冷藏好的奶茶，去掉保鲜膜，待用。

5　另取一个干净的玻璃杯，放入巧克力酱。

6　再倒入奶茶，加入适量的冰块，点缀上杏仁碎即可。

Tips

泡红茶时最好盖住杯口，能使奶茶的香味更浓郁。

难易度 ★ ☆ ☆ ☆ ☆　*Time 35min*

〜 冰镇仙草奶茶 〜

● **材料** *Raw material*

仙草冻80克，白糖20克，牛奶150毫升，红茶1包，开水150毫升

● **做法** *Practice*

1　杯中注入开水，放入红茶包浸泡3分钟。

2　取一杯子，倒入红茶水，加入牛奶、白糖，搅拌至白糖溶化。

3　加入仙草冻，封上保鲜膜，放入冰箱冷藏30分钟。

4　取出冰镇好的奶茶，揭开保鲜膜即可。

难易度 ★ ☆ ☆ ☆ ☆　*Time 26min*

〜 港式冻奶茶 〜

● **材料** *Raw material*

淡奶100毫升，开水260毫升，白糖20克，红茶1包，冰块适量

● **做法** *Practice*

1　开水杯中放入红茶包，浸泡5分钟。

2　取干净的杯子，倒入适量泡好的红茶，加入淡奶、白糖，搅拌至白糖溶化。

3　封上保鲜膜，放凉后放冰箱冷藏20分钟。

4　取出冷藏好的奶茶，揭开保鲜膜，放入冰块即可。

难易度 ★ ☆ ☆ ☆ ☆　*Time 4min*

鸳鸯奶茶

喜欢咖啡，也爱奶茶，那么鸳鸯奶茶实属你的首选。

● **材料** *Raw material*

速溶咖啡1袋，红茶1包，牛奶100毫升

● **做法** *Practice*

1　取一个茶杯，放入红茶包，注入适量开水。

2　浸泡约3分钟，至茶水呈红色。

3　取出茶包，倒入备好的牛奶，拌匀，待用。

4　另取一个咖啡杯，倒入速溶咖啡，再倒入热水，搅拌一会儿，至咖啡粉溶化。

5　将泡好的咖啡倒入茶杯中，加入适量白糖，拌匀，趁热饮用即可。

Tips
泡红茶的时间可以稍微长一些，这样茶汁的口感会更醇厚。

难易度 ★ ☆ ☆ ☆ ☆　*Time 6.5min*

～ 润肤养胃奶茶 ～

● **材料** *Raw material*

红茶叶5克，牛奶100毫升

● **调料** *Condiment*

白糖3克

● **做法** *Practice*

1　将红茶叶放入杯中，洗净，滤干水分。

2　杯中再次倒入适量开水，至八九分满，盖上盖，泡约5分钟，至散出茶香味。

3　揭盖，将茶汁滤入砂锅中，用大火加热，倒入牛奶煮沸，加入白糖煮至溶化。

4　关火后盛出奶茶，滤入杯中即可饮用。

难易度 ★ ☆ ☆ ☆ ☆　*Time 6min*

～ 红糖山楂茶 ～

● **材料** *Raw material*

山楂干30克，红糖20克

● **工具** *Tool*

蒸汽萃取壶1个

● **做法** *Practice*

1　蒸汽萃取壶接通电源，往内胆中注入适量清水至水位线，放入漏斗，倒入山楂干。

2　扣紧壶盖，按下"开关"键，选择"萃取"功能，运作5分钟后断电。

3　取出漏斗，将山楂茶倒入杯中，饮用前放入红糖拌匀即可。

冰镇玫瑰奶茶

玫瑰色的浪漫，玫瑰味的香甜，玫瑰色的夏季回忆。

● **材料** *Raw material*

红茶1包，干玫瑰花8朵，水200毫升，牛奶100毫升

● **调料** *Condiment*

蜂蜜5克

● **工具** *Tool*

保鲜膜适量

● **做法** *Practice*

1　锅中放入红茶包，倒入清水，加盖，用大火煮开。

2　盛出红茶水，装入玻璃杯中。

3　杯中放入玫瑰花，浸泡2~3分钟至花香味析出。

4　再倒入牛奶，搅拌均匀，封上保鲜膜，放入冰箱冷藏30分钟。

5　取出冰镇好的奶茶，去掉保鲜膜，加入蜂蜜，搅拌均匀即成。

Tips

待奶茶自然冷却后再放入冰箱，以免冰箱温度升高而影响冷藏效果。

难易度 ★ ☆ ☆ ☆ ☆   *Time 2min*

⁓ 香醇玫瑰奶茶 ⁓

调经补血、益气养颜两不误，绝对是办公室白领必备。

● **材料** *Raw material*

玫瑰花15克，红茶1包，牛奶100毫升

● **调料** *Condiment*

蜂蜜少许

● **做法** *Practice*

1 锅中注入适量清水，烧开，放入洗净的玫瑰花，用小火略煮。

2 放入备好的红茶包，搅拌，用中火煮出淡红的颜色。

3 倒入牛奶，搅拌，用大火煮至沸腾。

4 关火后盛出煮好的奶茶，装入杯中，加入少许蜂蜜，拌匀即可。

Tips
牛奶不宜长时间煮，以免营养流失。

难易度 ★ ☆ ☆ ☆ ☆　　*Time 15min*

～ 洛神菊花茶 ～

鲜红的色泽，就像美丽的红宝石，看得人十分陶醉。

● **材料** *Raw material*

洛神花20克，菊花15克

● **调料** *Condiment*

红糖10克

● **做法** *Practice*

1　将洛神花、菊花清洗掉杂质，捞出待用。

2　取电解养生壶底座，放上配套的水壶，加清水至0.7升水位线，放入洛神花和菊花。

3　盖上壶盖，按"开关"键通电，再按"功能"键，选定"泡茶"功能，开始煮茶，共煮10分钟。

4　揭盖，放入红糖，搅拌，煮至溶化。

6　茶水煮好，按"开关"键断电，取下水壶。

7　将茶水倒入杯中即可。

Tips

红糖加入后要立即搅拌，以免黏住壶底。

难易度 ★ ☆ ☆ ☆ ☆　*Time 1.5min*

茉莉花柠檬茶

难易度 ★ ☆ ☆ ☆ ☆　*Time 1min*

美白养颜蔬果汁

● 材料 *Raw material*

柠檬40克，红茶1包，茉莉花
适量

● 调料 *Condiment*

冰糖少许

● 做法 *Practice*

1　把茉莉花洗净；柠檬切片。

2　取茶壶，放入红茶包、茉莉花，注入开
　水，盖上盖，泡约1分钟。

3　揭开盖，放入备好的柠檬片、冰糖。

4　盖上盖，泡至冰糖完全溶化即可。

● 材料 *Raw material*

菠萝200克，柠檬30克，胡萝
卜300克，西芹30克

● 调料 *Condiment*

蜂蜜20克

● 做法 *Practice*

1　柠檬、菠萝去皮，切块；洗净的西芹切小
　段；胡萝卜去皮切成小块。

2　取榨汁机，分次放入柠檬、菠萝、西芹、
　胡萝卜。

3　榨取蔬果汁，倒入杯中即可。

⌇ 清甜菊花茶 ⌇

- **材料** *Raw material*

菊花20克

- **调料** *Condiment*

冰糖30克

- **做法** *Practice*

1　将菊花洗净，待用。

2　将水壶放在壶座上，注入适量清水，至0.4升水位线处，倒入菊花、冰糖。

3　盖上盖，煮约15分钟。

4　将煮好的茶倒入杯中即可。

⌇ 柚子蜜茶 ⌇

- **材料** *Raw material*

柚子肉350克

- **调料** *Condiment*

蜂蜜15克

- **做法** *Practice*

1　柚子肉去籽，去膜。

2　备一瓶子，放入柚子肉，加入蜂蜜拌匀。

3　加盖，密封五天，制成柚子蜜茶。

4　取出腌渍好的柚子蜜茶，冲泡即可饮用。

难易度★☆☆☆☆ *Time 15min*

柠檬姜茶

难易度★☆☆☆☆ *Time 15min*

金银花蜂蜜茶

● **材料** *Raw material*

柠檬70克，生姜30克

● **调料** *Condiment*

红糖少许

● **做法** *Practice*

1　洗净去皮的生姜切片；洗净的柠檬切片。

2　取一个大碗，放入姜片和柠檬片。

3　撒上红糖，拌至溶化，静置10分钟。

4　汤锅置火上，倒入腌好的材料，注水。

5　盖上盖子，用中火煮约3分钟，盛出煮好的姜茶，装入杯中即成。

● **材料** *Raw material*

金银花10克

● **调料** *Condiment*

蜂蜜20克

● **做法** *Practice*

1　将金银花洗净，待用。

2　取电解养生壶底座，放上配套的水壶，加清水至0.7升水位线，放入金银花，开始煮茶。

3　煮10分钟，将茶水倒入杯中待茶温适合时，加入蜂蜜调匀后即可饮用。

难易度 ★ ☆ ☆ ☆ ☆   *Time 1min*

～ 综合蔬果汁 ～

一款甜甜的蔬果汁，不仅好喝还保护视力，缓解疲劳，一举两得。

● **材料** *Raw material*

苹果130克，橙子肉65克，
胡萝卜100克

● **做法** *Practice*

1 苹果肉切丁；洗净的胡萝卜切块；橙子肉切块。

2 取来备好的榨汁机，倒入部分切好的食材。

3 选择第一挡，榨约30秒。

4 断电后再分两次倒入余下的食材，榨取蔬果汁。

5 将榨好的蔬果汁倒入杯中即成。

Tips
苹果切块后可用淡盐水浸泡一会儿，这样能避免氧化变黑。

～ 橙子汁 ～

● **材料** *Raw material*

橙子肉120克

● **做法** *Practice*

1　橙子肉切成小块。

2　取备好的榨汁机，倒入切好的橙子肉。

3　注入适量纯净水，盖好盖子。

4　选择"榨汁"功能，榨出橙汁。

5　断电后倒出橙汁，装入杯中即可。

～ 鲜榨菠萝汁 ～

● **材料** *Raw material*

菠萝肉270克

● **做法** *Practice*

1　将盐水浸泡过的菠萝肉切成小丁块。

2　取榨汁机，放入适量的菠萝肉块。

3　选择第一挡，榨出汁水。

4　分两次倒入余下的果肉，榨取菠萝汁。

5　将榨好的菠萝汁装入杯中即可。

Part 02
下午茶经典单品之
点心、甜品

在午后或周末的闲暇时光，招待二三知己，举行一次小小的下午茶聚会，在茶和甜点的香氛掩映之中，聊聊最近的生活趣事和八卦新闻，最是美妙。把忙碌的工作和家务放在一边，现在只要精美的甜甜圈、香酥的饼干、甜软的马卡龙！轻松享受下午茶时光吧。

难易度★☆☆☆☆　*Time 50min*

芒果冻芝士蛋糕

遇见你，就像在金黄的沙滩上，撞入你金色的眸子中，就此沉溺，从此爱上你。

● **材料** *Raw material*

奶油芝士............. 200克
芒果泥 150克
鲜奶油 100克
牛奶................ 100毫升
白糖...................... 20克
明胶粉.................. 10克
饼干碎 80克
黄油...................... 40克

● **工具** *Tool*

蛋糕模具.................. 1个
搅拌器 1个
勺子......................... 1把

● **做法** *Practice*

1-2
取一空碗，倒入饼干碎，加入黄油搅拌匀。

取出蛋糕模具，倒入拌匀了黄油的饼干碎，用勺子按压平整，待用。

3
奶锅中倒入奶油芝士，小火将奶油芝士搅拌至溶化。

4
加入牛奶，搅拌均匀，放入白糖搅拌至溶化，加入芒果泥，搅拌匀。

5
关火，缓缓加入明胶粉，不停搅拌，倒入打发好的鲜奶油，拌匀制成蛋糕浆，盛出备用。

6
取出装有黄油饼干碎的蛋糕模具，加入蛋糕浆，放入冰箱冷冻30分钟至成形。

7
取出冻好的蛋糕，脱模，将脱模好的蛋糕装盘即可。

Tips
蛋糕浆中可以放入适量新鲜芒果肉，增强蛋糕的口感和香气。

难易度 ★ ★ ★ ☆ ☆　　*Time 20min*

～ 蜜汁叉烧包 ～

蜜汁叉烧包是广东特色点心，其内馅香滑多汁、甜咸适口。

● 材料 *Raw material*

馅料部分：

叉烧肉片90克☆叉烧馅80克

面团部分：

面种500克☆白糖125克☆
低筋面粉125克☆泡打粉12
克☆臭粉5克

● 工具 *Tool*

刮板1个☆擀面杖1根
包底纸数张

Tips

包底纸刷上黄奶油，这样更易脱模。

● 做法 *Practice*

1 把叉烧馅装入碗中，放入叉烧肉片，拌匀，制成馅料。

2 把面种放在案台上，加入白糖，揉搓成面糊。

3 臭粉加清水调匀，加入面糊中，加泡打粉混合均匀。

4 加入低筋面粉，混合均匀，揉搓成光滑的面团。取适量面团，搓成长条状，揪成数个大小均等的剂子，压扁，擀成面皮。

5 取适量馅料放在面皮上，收口，捏紧，粘上一张包底纸，放入蒸笼里。

6 把蒸笼放入烧开的蒸锅中，加盖，大火蒸6分钟，把蒸好的叉烧包取出即可。

难易度 ★ ★ ★ ★ ☆　　*Time 22min*

蔓越莓蛋卷

让蔓越莓散落在香甜的蛋糕里，给你酸酸甜甜的小惊喜。

● 材料 *Raw material*

蛋黄部分：

蛋黄60克☆水30毫升☆食用油30毫升☆低筋面粉70克☆玉米淀粉55克☆细砂糖30克☆泡打粉2克☆蔓越莓干、果酱各适量

蛋白部分：

蛋白140克☆细砂糖110克塔塔粉2克

● 工具 *Tool*

电动搅拌器、刮板、长柄刮板各1个☆木棍1根☆抹刀、蛋糕刀各1把☆烘焙纸1张

● 做法 *Practice*

1　取一个容器，倒入蛋黄、水、食用油、低筋面粉、玉米淀粉、细砂糖、泡打粉，用打蛋器搅拌均匀。

2　另取容器，加入蛋白、细砂糖、塔塔粉，打至鸡尾状。

3　将蛋白部分加入到蛋黄部分里，搅拌均匀，制成面糊。

4　烤盘铺上烘焙纸，撒上蔓越莓干，倒入面糊至八分满。

5　将烤盘放入预热好的烤箱内，将上火调为180℃，下火调为160℃，定时烤20分钟。

6　取出烤盘放凉，用刮板将蛋糕跟烤盘分离，将蛋糕倒在烘焙纸上，翻面，均匀地抹上果酱。

7　将木棍垫在烘焙纸的一端，将蛋糕卷成卷，去除烘焙纸，切成大小均匀的蛋糕卷即可。

难易度★☆☆☆☆　*Time 50min*

蓝莓冻芝士蛋糕

寻找爱与美食的旅程，在遇见你的此刻，就有了真正的意义。最爱你的滋味，我的蓝莓芝士，我的蓝莓之夜。

● 材料 *Raw material*

鲜奶油 125克

奶油芝士 100克

牛奶 100毫升

饼干碎末 100克

蓝莓酱 60克

白糖 50克

黄油 40克

朗姆酒 40毫升

明胶粉 15克

● 工具 *Tool*

刮板 1个

勺子 1把

搅拌器 1个

圆形模具 1个

● 做法 *Practice*

1
取一空碗，倒入饼干碎末和黄油，搅拌均匀，倒入蛋糕模具中，用勺子按压平整，待用。

2
奶锅中倒入奶油芝士，小火搅拌至溶化，加入牛奶、朗姆酒、白糖搅拌至溶化。

3
关火，缓缓倒入明胶粉，不停地搅拌，再倒入蓝莓酱和已打发好的鲜奶油。

4
搅拌均匀，制成蛋糕浆备用。

5
取装有黄油饼干碎的蛋糕模具，加入蛋糕浆。

6-7
放入冰箱冷冻30分钟至成形。

取出冻好的蛋糕脱模，装盘即可。

Tips

蛋糕冻好脱模前，可以用打火机稍微烧一下模具外壁，这样能快速、顺畅地脱模。

难易度★ ☆ ☆ ☆ ☆　*Time 22min*

抹茶蜂蜜蛋糕

原本甜得有些腻人，配上抹茶便带了些许清爽的味道。

● **材料** *Raw material*

鸡蛋4个☆蛋糕油10毫升☆细砂糖100克☆高筋面粉35克☆低筋面粉65克☆抹茶粉5克☆牛奶40毫升☆蜂蜜10克☆色拉油40毫升

● **工具** *Tool*

电动搅拌器、长柄刮板各1个☆蛋糕刀1把☆烘焙纸2张

● **做法** *Practice*

1　取容器，倒入细砂糖、鸡蛋，搅拌至起泡。

2　倒入高筋面粉、低筋面粉、抹茶粉，充分搅拌均匀，分次加入蛋糕油，边倒入边搅拌。

3　再分次加入牛奶、蜂蜜，充分搅匀制成面糊。

4　烤盘上铺上烘焙纸，将面糊倒入烤盘，放入预热好的烤箱，上火调170℃，下火调170℃，烤20分钟。

5　戴上隔热手套取出烤盘放凉，用刮板将蛋糕跟烤盘分离，将蛋糕倒在烘焙纸上。

6　将蛋糕切出自己喜欢的形状，装盘即可。

Tips

倒面糊的时候不要太满，以免烤的时候溢出。

北海道戚风蛋糕

微风拂面，杨柳依依，微微一笑，空气中都是甜蜜的味道。

● 材料 *Raw material*

蛋黄部分：

低筋面粉75克☆泡打粉2克☆细砂糖25克☆色拉油40毫升☆蛋黄75克☆牛奶30毫升

蛋白部分：

蛋白150克☆细砂糖90克☆塔塔粉2克

馅料部分：

鸡蛋1个☆牛奶150毫升☆细砂糖30克☆低筋面粉10克☆玉米淀粉7克☆奶油7克☆淡奶油100克

● 工具 *Tool*

长柄刮板1个☆搅拌器、电动搅拌器各1个☆勺子1个☆剪刀1把☆裱花袋1个☆纸杯4个

● 做法 *Practice*

蛋黄部分：

1 将细砂糖、蛋黄倒入容器中，搅拌均匀。

2 加入低筋面粉、泡打粉、牛奶、色拉油，拌匀待用。

蛋白部分：

3 再准备一个容器，加入细砂糖、蛋白、塔塔粉，拌匀后用刮板将食材刮入蛋黄部分，搅拌均匀。

馅料部分：

4 另备容器，倒入鸡蛋、细砂糖，打发起泡，加入低筋面粉、玉米淀粉、奶油、淡奶油、牛奶，拌匀制成馅料，待用。

5 将拌好的蛋黄、蛋白部分刮入蛋糕纸杯中，约至六分满，放入烤盘中。

6 将烤盘放入烤箱，以上火180℃，下火160℃，烤约15分钟，取出。

7 将馅料装入裱花袋中，压匀后在尖端剪去约1厘米小口，挤在蛋糕表面即可。

Tips
入烤箱之前将蛋糕静置几分钟，可使蛋糕的表面更光滑。

〜 格格蛋糕 〜

鸡蛋与面粉混合，香味四溢，幻化成令人回味无穷的美食。

● **材料** *Raw material*

鸡蛋250克☆细砂糖112克☆低筋面粉170克☆小苏打、泡打粉各2克☆蛋糕油4毫升☆色拉油47毫升☆清水46毫升☆奶粉5克☆蜂蜜12克☆牛奶38毫升

● **工具** *Tool*

电动搅拌器、刮板各1个☆蛋糕刀1把☆油纸

● **做法** *Practice*

1　取一干净无油的大碗，放入细砂糖、鸡蛋，快速地搅拌，至鸡蛋四成发。

2　倒入低筋面粉、小苏打、泡打粉，撒上奶粉，拌匀，放入蛋糕油、蜂蜜，搅拌至食材充分融合。

3　注入清水，边倒边搅拌，再慢慢倒入牛奶，搅拌匀，淋入色拉油，拌匀至材料柔滑。

4　倒入垫有油纸的烤盘中，铺开、摊平，放入预热好的烤箱中，以上下火均为160℃的温度，烤约20分钟。

5　断电后取出烤熟的蛋糕，放凉后去除油纸，再均匀地切上条形花纹，食用时分成小块即可。

Tips

条形花纹不宜切得太深，以免切断了，影响成品美观。

难易度★☆☆☆☆　*Time 40min*

〜 南瓜芝士蛋糕 〜

明黄的色调，绵软的口感，闭上眼，就能感觉到自己正漫步云端。

● **材料** *Raw material*

蛋糕底部分：饼干60克☆黄奶油35克

蛋糕体部分：芝士250克☆细砂糖50克☆南瓜泥125克☆牛奶30毫升☆鸡蛋2个☆玉米淀粉30克

● **工具** *Tool*

擀面杖1根☆圆形模具1个☆勺子1把

● **做法** *Practice*

1　把饼干装入碗中，用擀面杖捣碎，加入黄奶油拌匀。

2　把黄奶油饼干糊装入圆形模具，用勺子压实、压平。

3　把牛奶倒入锅中，加入细砂糖，拌匀。

4　加入芝士，小火不停搅拌至溶化，倒入南瓜泥，搅匀，加入鸡蛋，关火，搅匀。

5　倒入玉米淀粉，拌匀成糊状，倒在模具上，制成蛋糕生坯。

6　将烤箱上、下火均调为160℃，预热5分钟，放入蛋糕生坯，烘烤15分钟，取出蛋糕，脱模后装盘即可。

Tips

加入玉米淀粉前，应先关火，以免将面糊烧焦。

难易度★☆☆☆☆　*Time 30min*

核桃麦芬蛋糕

小小纸杯中装满了香甜，装满了温暖，即使是寒冷的午夜，
有它相伴，也如春风拂面。

● 材料 *Raw material*

全蛋..................... 210克

盐 3克

色拉油 60毫升

牛奶...................40毫升

低筋面粉............. 250克

泡打粉 8克

糖粉................... 160克

核桃仁 40克

● 工具 *Tool*

电动搅拌器 1个
剪刀.........................1把

● 做法 *Practice*

1

把全蛋倒入碗中，加入糖粉、盐，用电动搅拌器快速搅匀。

2

加入泡打粉、低筋面粉，搅成糊状，倒入牛奶、色拉油，搅拌成纯滑的蛋糕浆。

3

把蛋糕浆装入裱花袋里，再用剪刀剪开一个小口。

4-5

把蛋糕浆挤入烤盘蛋糕杯里，装约5分满。

逐一放入少许核桃仁，制成蛋糕生坯。

6

将烤箱上火调为180℃，下火160℃，预热5分钟，放入蛋糕生坯，烤15分钟。

7

戴上隔热手套，打开烤箱门，取出烤好的蛋糕即可。

Tips

若没有低筋面粉，可用高筋面粉和玉米淀粉以1:1比例进行调配。

难易度★★★☆☆　　Time 25min

提子玛芬蛋糕

外酥里润，奶香浓郁，提子粒让口感更丰富。

● **材料** Raw material

鸡蛋4个☆糖粉160克☆牛奶40毫升☆低筋面粉270克☆黄油150克☆泡打粉5克☆提子适量

● **工具** Tool

长柄刮板1把☆电动搅拌器1个☆方形蛋糕纸杯数个

● **做法** Practice

1　取一玻璃碗，倒入鸡蛋、糖粉，用电动搅拌器搅匀。

2　加入黄油，搅匀，倒入泡打粉、低筋面粉，搅匀。

3　加入牛奶，一边倒一边搅匀。

4　倒入提子，拌匀，制成蛋糕浆。

5　取数个蛋糕纸杯放在烤盘上，用长柄刮板将拌好的蛋糕浆逐一刮入纸杯中至六七分满。

6　将纸杯放入已经预热好的烤箱中，以上火180℃，下火160℃烤15分钟至熟。

7　取出烤盘，将烤好的蛋糕装盘即可。

Tips

可以在蛋糕生坯上再撒上少许提子，烤出来的成品更美观。

难易度 ★ ★ ★ ☆ ☆ *Time 30min*

彩虹蛋糕

彩虹，是藏在心底的美梦，祝你梦想成真。

● 材料 *Raw material*

鸡蛋4个 ☆ 哈密瓜色香油、香芋色香油各适量 ☆ 打发鲜奶油30克

蛋黄部分： 低筋面粉70克 ☆ 玉米淀粉55克 ☆ 泡打粉2克 ☆ 清水70毫升 ☆ 色拉油55毫升 ☆ 细砂糖28克

蛋白部分： 细砂糖97克 ☆ 泡打粉3克

● 工具 *Tool*

搅拌器、长柄刮刀、筛网、电动搅拌器各1个 ☆ 裱花袋3个 ☆ 抹刀1把 ☆ 木棍1根

● 做法 *Practice*

1 打破鸡蛋，将蛋黄、蛋白分开装碗；用筛网将低筋面粉、玉米淀粉、泡打粉过筛至装有蛋黄的碗中，拌匀，倒入清水、色拉油、细砂糖，搅拌至无细粒。

2 将鸡蛋白打至起泡，倒入细砂糖、泡打粉，拌匀至其呈鸡尾状，用长柄刮板将适量蛋白倒入装有蛋黄的碗中拌匀，将拌好的蛋黄倒入剩余的蛋白中，拌成糊。

3 取一碗，装入适量面糊，倒入少量香芋色香油，拌匀制成香芋面糊；再取一碗，倒入适量面糊，放入少许哈密瓜色香油拌匀，制成哈密瓜面糊。将3种面糊分别装入裱花袋中。

4 取铺上白纸的烤盘，间隔挤入3种面糊，放入烤箱中，调成上火160℃，下火160℃，烤20分钟。

5 在操作台上铺一张白纸，将蛋糕倒放在白纸上，揭下底部的白纸，均匀地抹上鲜奶油。

6 用木棍卷起白纸，将蛋糕卷成圆筒状，静置5分钟至其成形，去掉纸，切成四等份即可。

Tips

可以在模具中刷上黄油，这样更易脱模。

难易度 ★ ★ ★ ☆ ☆ 　 *Time 30min*

杏仁蛋奶玛芬

一份香酥的玛芬，一杯浓郁的咖啡，一个放松的午后。

● **材料** *Raw material*

低筋面粉150克☆南杏仁30克☆黄油100克☆鸡蛋1个☆细砂糖50克☆牛奶50毫升☆香草粉15克

● **工具** *Tool*

长柄刮板1把☆电动搅拌器1个☆蛋糕模具1个☆蛋糕纸杯数个

● **做法** *Practice*

1　取玻璃碗，倒入鸡蛋、细砂糖，用电动搅拌器搅匀。

2　加入黄油，搅匀，倒入香草粉，稍稍搅匀。

3　加入低筋面粉，充分拌匀。加入牛奶，一边倒一边搅拌均匀，制成蛋糕浆。

4　备好蛋糕模具，放入蛋糕纸杯，用长柄刮板将拌好的蛋糕浆逐一刮入纸杯中至七分满，制成蛋糕生坯。

5　将南杏仁逐一均匀地撒在蛋糕生坯表面。

6　将蛋糕模具放入烤箱中，以上火200℃，下火200℃烤20分钟，取出即可。

Tips

也可以把南杏仁切成碎末使用，蛋糕口感会更细腻一些。

难易度★★★☆☆　*Time 20min*

～ 椰挞 ～

千层酥皮还没做好,却又想吃蛋挞了!

● 材料 *Raw material*

挞皮部分:低筋面粉150克
☆糖粉100克☆鸡蛋1个☆黄
油100克

馅料部分:色拉油125毫升
☆水125毫升☆鸡蛋1个☆椰
蓉125克☆糖粉100克☆低
筋面粉50克☆泡打粉3克

● 工具 *Tool*

搅拌器、刮板、裱花袋、长
柄刮板各1个☆蛋挞模6个

● 做法 *Practice*

1　将低筋面粉倒在面板上,开一个窝,加入糖粉、鸡
　　蛋、黄油,一边翻搅一边按压混匀制成平滑面团。

2　锅中加入色拉油、水,开火加热,搅拌片刻后加入糖
　　粉,搅至溶化,关火。再倒入椰蓉、低筋面粉、泡打
　　粉、鸡蛋,持续搅匀,倒入一个大的裱花袋,封好。

3　将面团搓成长条,切成大小均匀的小段,手上沾上少
　　量的干粉取适量面团,搓圆,压在模具里。

4　将裱花袋尖端剪出口子,在模具内依次挤入馅料,至8
　　分满,放入烤盘中。

5　再放入预热好的烤箱内,以上火190℃,下火190℃,
　　烤20分钟即可。

蜜豆麦芬蛋糕

麦芬蛋糕中加入蜜豆，蜜豆甜甜蜜蜜的口感，使麦芬蛋糕吃
起来更加美味。

● **材料** *Raw material*

黄油........................60克

细砂糖 60克

鸡蛋........................1个

牛奶....................50毫升

柠檬汁 15毫升

低筋面粉 100克

泡打粉 3克

蜜豆........................适量

● **工具** *Tool*

长柄刮板..................1把

电动搅拌器 1个

蛋糕纸杯..............数个

● **做法** *Practice*

1
取一玻璃碗，倒入细砂糖、黄油、鸡蛋，用电动搅拌器搅匀。

2
加入泡打粉，拌匀，倒入低筋面粉，稍微拌一下后开动搅拌器搅匀。

3-4
加入牛奶，一边倒一边搅匀。

缓缓倒入柠檬汁，不停搅拌，放入蜜豆。

5
搅拌均匀，制成蛋糕浆，待用。

6
取数个蛋糕纸杯，放在烤盘上，用长柄刮板将拌好的蛋糕浆逐一刮入纸杯中至六分满。

7
放入预热好的烤箱中，以上火180℃，下火160℃烤15分钟至熟，取出即可。

Tips
可以在蛋糕生坯顶部再放入少许蜜豆，蛋糕成品会更美观。

难易度 ★ ★ ★ ☆ ☆　　Time 15min

玻璃烧卖

薄薄的面皮晶莹剔透，还以为是玻璃做的烧卖？来试试就知道了。

● **材料** Raw material

小白菜200克☆肉末80克☆
烧卖皮数张

● **调料** Condiment

盐4克☆鸡粉3克☆白糖2克
☆生抽3毫升☆芝麻油2毫升
☆生粉5克

● **做法** Practice

1　取洗净的白菜梗，切成粒，装入碗中，放盐拌匀，静
　　置片刻挤出多余水分，待用。

2　将肉末倒入碗中，放盐，顺同一方向搅拌至起胶。

3　放白糖、生抽、鸡粉、白菜、生粉、芝麻油，拌匀，
　　制成馅料。

4　取适量馅料放在烧卖皮上，收成花瓶口状，再加适量
　　馅料塞满，抹平，制成烧卖生坯。

5　把生坯装入垫有笼底纸的蒸笼里，放入烧开的蒸锅，
　　大火蒸7分钟至熟，取出即可。

Tips

生坯放入烧开的蒸锅，高温蒸汽很快把生坯包围起来，迅速使生坯均匀受热，这样蒸出来的烧卖富有
弹性，吃起来软绵可口。

⌇ 水晶饼 ⌇

传统的广东点心，晶莹剔透的外表，十分迷人。

● 材料 *Raw material*

馅料部分：

咸蛋黄60克☆车厘子8克☆
莲蓉50克

水晶皮部分：

澄面、生粉各150克☆水
100毫升

● 工具 *Tool*

刮板、模具各1个☆
擀面杖1根

● 做法 *Practice*

1 把咸蛋黄用大火蒸约7分钟至熟，切成粒备用；洗净的
车厘子取果肉，切成粒，备用。

2 将莲蓉揉搓成长条，切成大小均等的小剂子，备用。

3 将澄面、生粉放入碗中，倒入适量水，拌匀成浆，分
次倒入适量开水，并不停搅拌，至其成糊状，撒上适
量澄面、生粉，揉搓成光滑的面团。

4 切下一小块面团，再撒上生粉，揉搓成长条，切成均
匀的小剂子。

5 取小剂子压扁，放入咸蛋黄、车厘子、莲蓉包好，搓
圆，放入模具中，压好后脱模，制成水晶饼生坯。

6 把水晶饼生坯放入铺了油纸的蒸笼内，放入烧开的蒸
锅中，蒸约4分钟至熟，取出即可。

Tips
馅料不能有水分，否则蒸的时候容易溢出馅料。

难易度★★★☆ *Time 35min*

忌廉泡芙

蓬松的奶油面皮中包裹着细腻爽滑的忌廉，只需要一口，轻轻的一口，你便会不由自主的彻底爱上它。

● **材料** *Raw material*

牛奶................110毫升

水......................35毫升

黄奶油.................35克

低筋面粉.............75克

盐........................3克

全蛋......................2个

忌廉馅料............100克

● **工具** *Tool*

电动搅拌器...............1个

裱花嘴...................1个

裱花袋...................2个

剪刀......................1把

蛋糕刀...................1把

长柄刮板.................1个

三角铁板.................1个

● **做法** *Practice*

1
将牛奶倒入锅中，加入水、黄奶油、盐，搅拌，煮至溶化。

2
关火后加入低筋面粉，搅匀，搅成糊状，倒入碗中，用电动搅拌器快速搅拌。

3
鸡蛋分两次加入，打发，搅成纯滑的面浆，装入套有裱花嘴的裱花袋里。

4
将面浆挤在垫有高温布的烤盘上，制成数个大小相同的泡芙生坯。

5–6
将烤箱上、下火均调为200℃，预热5分钟，放入烤盘，烘烤15分钟至熟。

把烤好的泡芙体取出，用刀将泡芙体切开。

7
将忌廉馅料装入裱花袋里，尖角处剪开一小口，将馅料逐个挤入泡芙体即可。

Tips
裱花袋剪开的小口大小要适中，这样便于将馅料挤入泡芙中。

～ 老婆饼 ～

老婆饼是一种传统名点，皮薄馅厚，馅心滋润软滑、味道甜而不腻。

● **材料** *Raw material*

饼皮部分：低筋面粉400克
☆猪油50克☆蛋黄液、白芝
麻各适量

饼馅部分：苹果1个☆红豆沙
90克

● **调料** *Condiment*

白糖20克

● **工具** *Tool*

长柄刮板、刮板各1个☆擀面
杖1根☆刷子1把

● **做法** *Practice*

1 洗净的苹果去皮、去核，切碎，加入白糖、红豆沙，搅拌均匀，制成馅料。

2 将部分低筋面粉加入猪油混合，揉成纯滑的面团。

3 将剩余低筋面粉加入白糖，分次倒入少许清水，揉搓成纯滑的面团，再搓成长条，摘取数个小剂子。

4 把猪油面团搓成长条，切成数个小剂子。

5 用擀面杖把低筋面粉剂子擀成薄皮，放上猪油面剂子，收口捏紧，捏成球状，用擀面杖擀平、卷起，再制成小面团，擀成中间厚四周薄的面皮。

6 取适量馅料放在面皮上，收口捏紧，搓成球状，轻轻压成饼，放在烤盘中，逐个刷上一层蛋黄液，在饼的表面压两道口子，撒上白芝麻。

7 将饼坯放入烤箱，以上火175℃，下火170℃烤约15分钟至熟，取出即可。

Tips

包裹生坯时口子一定要捏紧，以防烤的时候露馅。

难易度 ★ ★ ★ ☆ ☆　　*Time 30min*

腰果小酥饼

掉落在地上，是清脆的回响,跌进嘴里，同样，也是明亮的声音。

● **材料** *Raw material*

黄奶油100克☆糖粉45克☆
低筋面粉60克☆玉米淀粉60
克☆腰果碎60克

● **工具** *Tool*

刮板1个☆筛网1个

● **做法** *Practice*

1　将低筋面粉倒在案台上，加入玉米淀粉。

2　倒入40克糖粉、黄奶油，刮入面粉，混合均匀。

3　加入腰果碎，揉搓成面团，把面团搓成长条状。

4　用刮板分切成大小均等的小剂子，搓成条，再弯成
　　"U"形，制成生坯。

5　把生坯放入铺有高温布的烤盘里，放入预热的烤箱。

6　关上箱门，以上火170℃，下火170℃烤15分钟。

7　取出烤好的酥饼，将剩余的糖粉过筛至酥饼上即可。

Tips

饼坯的厚薄、大小应一致，这样更易烤熟。

难易度★★★☆☆ *Time 20min*

香醇肉桂酥饼

就喜欢这小巧玲珑的模样，薄薄的厚度又不失鲜明的纹理，
精致迷人，随手拿起就可以往嘴里丢，满口香脆。

● **材料** *Raw material*

黄奶油 100克

糖粉 33克

低筋面粉 100克

肉桂粉 1克

● **工具** *Tool*

电动搅拌器 1个

裱花袋 1个

花嘴 1个

长柄刮板 1个

● **做法** *Practice*

1-2
将黄奶油倒入玻璃碗中，加入糖粉，用电动搅拌器快速搅匀。

加入肉桂粉、低筋面粉，搅拌成糊状。

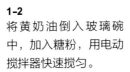

3
把面糊装入套有花嘴的裱花袋里。

4
将面糊挤在烤盘中的高温布上，制成面条状的饼坯。

5
把生坯放入预热好的烤箱里。

6
关上箱门，以上火160℃，下火160℃烤10分钟至熟。

7
打开箱门，取出烤好的酥饼，装在盘中即可。

Tips
饼坯之间要留一些空隙，以免烤好后粘在一起。

香甜裂纹小饼

表面的裂纹没有影响它的美丽，反而给它增添不少独特的韵味。

● **材料** *Raw material*

低筋面粉110克☆白糖60克
☆橄榄油40毫升☆蛋黄1个
☆泡打粉5克☆可可粉30克
☆盐2克☆酸奶35毫升☆南
瓜子适量

● **工具** *Tool*

刮板1个

● **做法** *Practice*

1　将低筋面粉倒入碗中，加入可可粉，再倒在案台上，用刮板开窝。

2　淋入橄榄油，加入白糖，倒入酸奶，搅拌均匀。

3　放入泡打粉、盐、南瓜子、蛋黄，搅匀，揉成面团。

4　将面团搓成长条状，再切成数个剂子，揉成圆球状。

5　在每个面球上均匀地裹上一层低筋面粉，再放入铺有高温布的烤盘中。

6　将烤盘放进烤箱，以上火170℃，下火170℃烤15分钟至熟，取出装入盘中即可。

Tips
揉好的面团可以饧一会儿再烤，这样烤出的饼干口感更好。

难易度★★★☆☆ *Time 25min*

迷你肉松酥饼

经不住这浓香的诱惑，狠狠咬一口，瞬间全身的细胞都被惊醒了。

● **材料** *Raw material*

低筋面粉100克☆蛋黄20克
☆黄油50克☆糖粉40克☆肉
松20克

● **工具** *Tool*

刮板1个☆叉子1把

● **做法** *Practice*

1 把低筋面粉倒在案台上，用刮板开窝，倒入蛋黄、糖
   粉，用刮板拌匀，加入黄油，揉搓成纯滑的面团。

2 把面团搓成长条状，用刮板切成数个小剂子。

3 用手把小剂子捏成饼状，放入适量肉松，收口捏紧，
   揉成小球状，即成酥饼生坯。

4 将饼坯放入铺有高温布的烤盘里，用叉子压出花纹。

5 将烤盘放入预热好的烤箱中，以上火170℃，下火
   170℃烤15分钟至熟，取出即可。

Tips
在酥饼生坯上可以刷一层蛋黄，这样烤出的酥饼颜色更好看。

难易度★★★☆☆　　*Time 100min*

碧绿白菜包

味道清香爽口，弹牙多汁，来一份既新鲜又饱肚的碧绿白菜
包，满足你嗷嗷待哺的胃吧。

● 材料 *Raw material*

低筋面粉............ 500克

酵母......................5克

泡打粉..................75克

白糖......................60克

肉末...................... 80克

菠菜汁............ 200毫升

大白菜.............. 150克

姜末...................... 少许

● 调料 *Condiment*

盐 4克

鸡粉.......................3克

生抽、蚝油、芝麻油

.........................各5毫升

● 工具 *Tool*

刮板.......................1个

擀面杖..................1根

包底纸.................. 数张

● 做法 *Practice*

1
将洗净的大白菜切成粒，加盐、白糖，拌匀后挤出多余水分待用。

2
取一碗，放入肉末、盐，拌匀，放入白菜粒、姜末，加入盐、白糖、鸡粉、生抽、蚝油、芝麻油，搅拌均匀，制成馅料备用。

3
将低筋面粉倒在案台上，用刮板开窝，加入白糖、泡打粉、酵母，分数次倒入菠菜汁，搅拌均匀，揉搓成纯滑的面团。

4
将面团搓成长条，摘取数个小剂子，压平，用擀面杖擀成中间厚、四周薄的面皮。

5-6
取适量馅料放在面皮上，捏紧，制成生坯。

在包子生坯底部垫上一层包底纸，放入小蒸笼中，发酵90分钟。

7
蒸锅中注入适量清水烧开，放入蒸笼，大火蒸10分钟至熟，取出蒸笼即可。

Tips
在蒸笼上垫一层包底纸，是为了防止白菜包粘在蒸笼上。

难易度★★★☆☆　*Time 17min*

∽ 纽扣饼干 ∾

充满创意和乐趣的饼干，在品尝点心的时候也多了一份童趣。

● **材料** *Raw material*

低筋面粉120克☆盐1克☆细砂糖40克☆黄油65克☆牛奶35毫升☆香草粉3克

● **工具** *Tool*

刮板1个☆竹签1支☆模具1套☆擀面杖1根

● **做法** *Practice*

1　将低筋面粉倒在面板上，撒上盐，倒入香草粉，开窝，倒入细砂糖，注入牛奶，放入黄油。

2　慢慢地搅拌一会，至材料完全融合在一起，再揉成面团，再把面团擀薄，呈0.3厘米厚的面皮。

3　取备好的模具压出饼干的形状，点上数个小孔，制成数个纽扣饼干生坯，装在烤盘中，摆整齐，待用。

4　烤箱预热，放入烤盘，以上下火均160℃的温度，烤15分钟即成。

Tips
制作生坯时要讲求力度的柔和，以免破坏了生坯的外形。

难易度 ★★★☆☆　Time 30min

蛋白薄脆饼

蛋清做的薄脆饼，因为加入了黄油，所以奶香浓郁，口感清脆。

● **材料** Raw material

低筋面粉200克☆黄油125克
☆糖粉200克☆蛋白150克

● **工具** Tool

长柄刮板、电动搅拌器、裱
花袋各1个☆剪刀1把☆烘焙
纸1张

● **做法** Practice

1 取一玻璃碗，倒入糖粉、黄油，用电动搅拌器打发至
　呈乳白色，分两次加入蛋白，拌匀。

2 倒入低筋面粉，稍拌一下，开动搅拌器搅匀。

3 用长柄刮板将拌好的浆料填入裱花袋里。

4 用剪刀在裱花袋顶端剪一个大小适中的小孔。

5 烤盘垫上烘焙纸，在里面挤出多个大小均等的饼坯。

6 将烤盘放入烤箱中，以上火180℃，下火180℃烤15
　分钟至熟，取出烤盘即可。

Tips
可以在饼坯上刷一层蛋黄液，这样烤出来会更好看。

难易度★★★★☆ *Time 50min*

狮皮香芋蛋糕

大家可不要被欺骗了，再仔细看看，这不过是披着狮皮的柔弱香芋蛋糕而已。

● 材料 Raw material

蛋白部分

蛋白..................... 100克
细砂糖 56克
塔塔粉 2克

蛋黄部分

蛋黄 50克
细砂糖 6克
色拉油 36毫升
纯牛奶 36毫升
低筋面粉 46克
香芋色香油 2克
泡打粉 1克

狮皮部分

蛋黄..................... 80克
鸡蛋 1个
细砂糖 20克
低筋面粉 20克

馅料部分

香橙果酱 ....适量

● 工具 Tool

搅拌器、电动搅拌器、长
柄刮板 各1个
蛋糕刀 1把
烘焙纸 2张

Tips

撕去蛋糕底部的烘焙纸
时，动作要轻，以免将蛋
糕撕裂。

● 做法 Practice

1-2

蛋黄部分：将细砂糖倒
入玻璃碗，加纯牛奶、
色拉油、低筋面粉、泡
打粉、蛋黄充分搅匀。

蛋白部分：将细砂糖倒
入玻璃碗中，加蛋白、塔
塔粉，打发至鸡尾状。

3

将打发好的蛋白放入蛋
黄中，用长柄刮板搅
匀，加入香芋色香油拌
匀，制成蛋糕浆。

4

将蛋糕浆倒入铺有烘焙
纸的烤盘中，抹匀，放
入预热好的烤箱里，
以上火170℃，下火
170℃烤15分钟。

5

取出倒扣在白纸上，撕
去烘焙纸，放上香橙果
酱抹匀，卷成卷备用。

6

狮皮部分：将蛋黄倒
入玻璃碗中，加入细砂
糖、鸡蛋、低筋面粉，
搅拌成面浆，倒入铺有
烘焙纸的烤盘里，抹
匀，放入预热好的烤箱
里，以上火140℃，下火
140℃烤10分钟至熟，
取出倒扣在白纸上，撕
去烘焙纸，放上适量香
橙果酱，涂抹均匀。

7

把香芋蛋糕卷放在狮皮
中间，包裹好，卷成
卷，两端切齐整，再分
切成段即可。

难易度 ★ ★ ★ ☆ ☆　　*Time 20min*

红糖核桃饼干

亲手做一些健康小点心，与朋友一同分享欢乐的记忆。

● **材料** *Raw material*

低筋面粉170克☆蛋白30克
☆泡打粉4克☆核桃80克☆
黄油60克☆红糖50克

● **做法** *Practice*

1 将低筋面粉倒在面板上，加入泡打粉，拌匀后铺开。

2 倒入蛋白、红糖、黄油，搅匀，将面粉揉按成型。

3 加入核桃，揉按均匀。

4 取适量面团，按捏成数个饼干生坯，装入烤盘。

5 将烤箱预热，放入烤盘，将上火、下火均调为180℃，烤约20分钟至熟。

6 取出烤盘，把烤好的饼干装入盘中即可。

Tips

面团多揉一会儿，以使核桃散开均匀。

难易度 ★ ★ ★ ☆ ☆　　*Time 10min*

～ 黄油小饼干 ～

浓浓的黄油香味，加上香草粉淡淡的诱人气息，让人心动不已。

● **材料** *Raw material*

低筋面粉150克☆糖粉50克
☆黄油100克☆蛋黄20克☆
盐2克☆香草粉2克

● **工具** *Tool*

刮板、叉子各1个

● **做法** *Practice*

1　将低筋面粉、香草粉倒在面板上，用刮板搅拌均匀。

2　在中间掏一个窝，加入糖粉、盐、蛋黄，搅拌均匀。

3　加入备好的黄油，将四周的粉向中间覆盖，一边翻搅一边按压制成面团，搓成长条。

4　将长条切成大小一致的段，分别搓成圆形，放入烤盘压成圆饼状，用叉子在饼坯上压上条形花纹。

5　将烤盘放入预热好的烤箱内，上火调为170℃，下火调为170℃，烤约10分钟，取出即可。

Tips

饼不要压得太薄，以免饼干烤碎。

难易度 ★ ★ ★ ☆ ☆　　*Time 15min*

椰蓉蛋酥饼干

香酥的饼干覆盖一层薄薄的椰蓉，让人更加有食欲。

● 材料 *Raw material*

低筋面粉150克☆奶粉20克☆
鸡蛋2个☆盐2克☆细砂糖60
克☆黄油125克☆椰蓉50克

● 做法 *Practice*

1 将低筋面粉、奶粉搅拌片刻，加入细砂糖、盐、鸡蛋，搅拌均匀。

2 倒入黄油，一边翻搅一边按斥至面团均匀平滑。

3 取适量面团揉成圆形，在外圈均匀粘上椰蓉。

4 放入烤盘，轻压成饼状，将剩余的面团依次用此法制成饼干生坯。

5 将烤盘放入预热好的烤箱里，调成上火180℃，下火150℃，烤15分钟，取出即可。

Tips
面团尽量大小一致才能受热均匀。

难易度 ★ ★ ☆ ☆ ☆   *Time 20min*

∽ 玛格丽特小饼干 ∽

工具不多，材料普通，简单朴实，味道却是香酥可口。

● **材料** *Raw material*

低筋面粉100克☆玉米淀粉
100克☆黄油100克☆糖粉
80克☆盐2克☆熟蛋黄30克

● **工具** *Tool*

刮板1个

● **做法** *Practice*

1 将低筋面粉、玉米淀粉搅拌均匀，倒入糖粉、黄油、
   盐、蛋黄，揉至面团平滑。

2 将面团搓成长条，用刮板切成大小一致的小段并揉
   圆，放入烤盘上。

3 用拇指压在面团上面，压出自然裂纹制成饼坯，将剩
   余的面团依次用此法制成饼坯。

4 将烤盘放入预热好的烤箱内，上火调为170℃，下火
   调为160℃，烤20分钟使其定型。

5 戴上隔热手套将烤盘取出，装入盘中即可。

Tips

因为是熟蛋黄，倒入之后将蛋黄压碎会更方便搅拌。

难易度 ★ ★ ★ ☆ ☆　*Time 25min*

杏仁奇脆饼

在你专注的眼神中，一粒一粒的杏仁碎，雕刻在平凡的饼干上，
就像再也没有其他事情可以夺取你的注意，如此让人痴迷。

● **材料** *Raw material*

黄奶油 90克

低筋面粉 110克

糖粉 90克

蛋白 50克

杏仁片 .... 适量

● **工具** *Tool*

电动搅拌器、长柄刮板、

裱花袋 各1个

剪刀 1把

高温布 1张

● **做法** *Practice*

1-2
将黄奶油倒入大碗中，加入糖粉，用电动搅拌器搅拌均匀，加入蛋白，搅拌匀。

倒入低筋面粉，用长柄刮板搅拌成糊状。

3
把面糊装入裱花袋里，用剪刀将裱花袋尖角处剪开一个小口。

4
将面糊挤在铺有高温布的烤盘里，挤成大小相同的饼干生坯。

5
撒上适量杏仁片。

6
把烤盘放入预热好的烤箱里，以上火190℃，下火140℃，烤15分钟。

7
打开烤箱，把烤好的饼干取出即可。

Tips
饼干生坯之间要留一些空隙，这样能避免饼干粘在一起。

难易度★★★☆☆　*Time 25min*

～ 全麦核桃酥饼 ～

融入了全麦和核桃碎，是微微粗粝的新鲜口感，且营养更丰富。

● **材料** *Raw material*

全麦粉125克☆糖粉75克☆
鸡蛋1个☆核桃碎适量☆黄
奶油100克☆泡打粉5克

● **工具** *Tool*

刮板1个

● **做法** *Practice*

1　将全麦粉倒在案台上，倒入糖粉、鸡蛋，搅散。

2　放入黄奶油、泡打粉、核桃碎，混合均匀，揉搓成面团。

3　把面团搓成长条，用刮板切成小剂子，揉搓成饼坯。

4　放入烤盘中，再放入预热好的烤箱里。

5　关上箱门，以上火160℃，下火180℃，烤15分钟至熟，取出烤好的饼干即可。

Tips

糖粉颗粒较细，有助于抑制生坯的延展性，保持成品的形状。

难易度 ★ ★ ★ ☆ ☆　*Time 30min*

～ 罗蜜雅饼干 ～

花儿般的造型，犹如爱情般的甜蜜滋味，让你尝一口就爱上！

● **材料** *Raw material*

饼皮部分：黄奶油80克☆糖粉50克☆蛋黄15克☆低筋面粉135克

馅料部分：糖浆30克☆黄奶油15克☆杏仁片适量

● **工具** *Tool*

电动搅拌器、长柄刮板、三角铁板、花嘴各1个☆裱花袋2个☆剪刀1把

● **做法** *Practice*

1　将黄奶油倒入大碗中，加入糖粉，用搅拌器搅匀。

2　加入蛋黄，快速搅匀，倒入低筋面粉，用长柄刮板搅拌匀，制成面糊，装入套有花嘴的裱花袋里。

3　将黄奶油、杏仁片、糖浆倒入碗中，用三角铁板拌匀，制成馅料，装入裱花袋备用。

4　将面糊挤在铺有高温布的烤盘里，制成饼坯。

5　用三角铁板将饼坯中间部位压平，挤上适量馅料。

6　把饼坯放入预热好的烤箱里，以上火180℃，下火150℃烤15分钟至熟，取出饼干，装入盘中即可。

Tips

待黄奶油变软后再使用，这样更容易搅拌匀。

〜 奶油松饼 〜

这香软甜美的点心，一定能给你一份好心情。

● **材料** *Raw material*

纯牛奶200毫升☆溶化的黄油30克☆细砂糖75克☆低筋面粉180克☆泡打粉5克☆盐2克☆蛋白、蛋黄各3个☆黄油适量☆打发的鲜奶油10克

● **工具** *Tool*

搅拌器、电动搅拌器、三角刮板各1个☆华夫炉1台☆蛋糕刀1把

● **做法** *Practice*

1 将细砂糖、牛奶倒入容器中拌匀，加入低筋面粉、蛋黄、泡打粉、盐、溶化的黄油，拌匀，至其呈糊状。

2 将蛋白倒入另一个容器中，用电动搅拌器打发，倒入面糊中，搅拌匀。

3 将华夫饼炉温度调成200℃，预热，在炉子上涂黄油，至黄油溶化。

4 将拌好的材料倒入炉具中，至其起泡，盖上盖，烤2分钟至熟。

5 取出烤好的松饼放在白纸上，切成四等份，在一块松饼上抹适量鲜奶油，再叠上一块，从中间切开，呈扇形，装入盘中即可。

在模具中刷上黄油，这样更易脱模。

难易度 ★ ★ ★ ★ ☆   *Time 15min*

香脆朱力饼

夹心的饼干最甜蜜，酥脆又松软的口感，微甜的香气，让人心醉。

● 材料 *Raw material*

饼部分：鸡蛋2个 ☆ 蛋黄4个 ☆ 低筋面粉180克 ☆ 糖粉150克 ☆ 盐1茶勺

馅部分：奶油150克 ☆ 糖粉30克 ☆ 朗姆酒10毫升 ☆ 盐适量

● 工具 *Tool*

筛网、电动搅拌器、长柄刮板、裱花袋各1个 ☆ 锡纸1卷 ☆ 剪刀1把

Tips

在制作蛋液时，蛋液搅拌得越浓稠越好。

● 做法 *Practice*

1　将鸡蛋、蛋黄、糖粉、盐倒入大碗中，快速拌匀至蛋液起泡，筛入低筋面粉搅匀，装入裱花袋，剪开小口。

2　在烤盘平铺上一张锡纸，将面糊均匀地挤到烤盘上，用筛网将糖粉均匀地撒在烤盘上。

3　将烤箱预热，放入烤盘，以上火200℃，下火200℃，烤5~7分钟，至其呈金黄色。

4　将奶油倒入大碗中，加入30克糖粉，用电动搅拌器先慢后快地打发至蓬松，加入少量盐、朗姆酒，搅匀。

5　将烤盘取出，放凉，将奶油均匀地抹在饼干的表面，另取一块饼干覆盖在上面，合成夹心饼，筛上糖粉即可。

难易度★★★☆ *Time 135min*

丹麦黄桃派

口感松软，散发着奶油的香气和芳香的黄桃果香，一口下去，仿佛整个世界都被填满一般的满足感充盈在心扉。

● 材料 *Raw material*

酥皮部分：

高筋面粉............ 170克
低筋面粉................30克
细砂糖 50克
黄奶油 20克
奶粉.......................12克
盐............................3克
酵母........................5克
水 88毫升
鸡蛋 40克
片状酥油................70克

馅料部分：

奶油杏仁馅 40克
黄桃肉 50克

装饰部分：

巧克力果胶、花生碎
.........................各适量

● 工具 *Tool*

刮板........................1个
擀面杖 1根
刷子、叉子
..........................各1把

Tips

罐头黄桃肉水分较多，可
选用新鲜的黄桃肉代替。

● 做法 *Practice*

1
将低筋面粉、高筋面粉、奶粉、干酵母、盐，混合拌匀，倒在案台上，用刮板开窝，倒入水、细砂糖，搅拌均匀，放入鸡蛋，拌匀。

2
将材料混合均匀，揉搓成湿面团，加入黄奶油，揉搓光滑。

3-4
用隔纸将片状酥油擀薄，再将面团擀薄，放上酥油片，将面皮折叠，擀平；将面皮折叠三层，放入冰箱冷藏10分钟，取出擀平；将上述动作重复两次。

5
取适量酥皮，用擀面杖擀薄，将边缘切平整，刷上一层奶油杏仁馅，放上黄桃肉。

6
将酥皮对折，边缘扎上小孔，再刷上一层巧克力果胶，放入烤盘，撒上花生碎，常温1.5小时发酵。

7
把烤箱上下火均调为190℃，预热5分钟，放入发酵好的生坯，烘烤15分钟至熟，取出即可。

难易度 ★ ★ ★ ☆ ☆　　*Time 126min*

〜 原味提拉米苏 〜

世间甜点万万千，必有一类获独宠，被宠者提拉米苏也。

● **材料** *Raw material*

蛋黄50克☆白糖80克☆水80毫升☆吉利丁片2片☆奶酪400克☆黄奶油400克

● **工具** *Tool*

搅拌器、圆形模具各1个☆蛋糕刀1把☆保鲜膜适量

● **做法** *Practice*

1　把吉利丁片放入清水中，浸泡4分钟，取出泡软的吉利丁片，备用。

2　锅置火上，倒入水、白糖，开小火，用搅拌器搅拌匀，煮至白糖溶化。

3　加入吉利丁片、黄奶油，搅匀，加入奶酪，煮至溶化，倒入蛋黄，搅匀。

4　用保鲜膜将模具底部包好，倒入煮好的材料，冷冻2小时，取出成品，去除保鲜膜，脱模，装入盘中。

5　用刀切成扇形块，装入碟中即可。

Tips

搅拌材料时，要顺一个方向匀速搅拌，这样成品的口感才更好。

～ 咸蛋酥 ～

酥脆的甜味酥皮包裹着微咸的咸蛋黄，一口咬下去妙不可言。

● **材料** *Raw material*

酥皮部分：

低筋面粉325克☆白糖300克
☆ 猪油50克☆黄奶油100克
☆鸡蛋1个☆臭粉2.5克☆奶
粉40克☆食粉2.5克☆泡打粉
4克☆吉士粉适量

馅料部分：

莲蓉120克☆咸蛋黄2个

装饰部分：

蛋黄1个☆黄奶油30克

● **工具** *Tool*

刮板1个☆刷子1把☆包底纸
数张

● **做法** *Practice*

1 把低筋面粉倒在案台上，加入白糖、吉士粉、奶粉、臭粉、食粉、泡打粉，混合均匀。

2 把黄奶油、猪油混合均匀，加入到混合好的低筋面粉中，混合均匀，再加入鸡蛋，揉搓成面团。

3 把莲蓉压扁，搓成条状，切取两块包入咸蛋黄，搓成球状作为馅料。

4 取适量面团，搓成条状，切两个大小均等的剂子。

5 将剂子捏扁放入馅料，搓成球，粘上包底纸，装入烤盘中，刷上一层蛋黄。

6 将烤箱上下火均调为180℃，烤15分钟，取出，趁热刷上一层黄奶油，装入盘中即可。

Tips

可以事先将烤箱预热好，这样烤出来的咸蛋酥色泽、口感更佳。

难易度★★★☆☆　　*Time 28min*

～ 绿茶酥 ～

酥皮层层叠叠，再配合绿茶的清香，咸中带甜，口感一流。

● 材料 *Raw material*

水油皮部分：

中筋面粉150克☆细砂糖35克☆猪油40克☆清水60毫升

油酥部分：

低筋面粉100克☆猪油50克☆绿茶粉3克☆莲蓉馅适量

● 工具 *Tool*

刮板1个☆油纸1张☆擀面杖1根

● 做法 *Practice*

1 将中筋面粉倒在案板上，加入细砂糖，注入清水，放入40克猪油拌匀，揉搓至面团纯滑，即成油皮面团。

2 将低筋面粉倒在案板上，撒上绿茶粉，和匀，放入50克猪油，拌匀揉搓至材料纯滑，即成酥皮面团。

3 取油皮面团，擀成0.5厘米左右的薄皮，再把酥皮面团压平，放在面皮上，折起面皮，再擀成0.3厘米左右的薄片，卷起薄片，呈圆筒状，分成数个小剂子。

4 将小剂子擀薄，盛入适量的莲蓉馅，包好，收紧口，做成数个绿茶酥生坯，放在垫有油纸的烤盘中。

5 烤箱预热，放入烤盘，以上、下火同为180℃的温度烤约25分钟，至食材熟透，取出摆盘即可。

难易度 ★ ★ ★ ☆ ☆ *Time 30min*

～ 奶酥面包 ～

有着浓郁的奶油味道，让你欲罢不能。

● 材料 *Raw material*

面团部分：

高筋面粉500克 ☆ 黄奶油70克 ☆ 奶粉20克 ☆ 细砂糖100克 ☆ 盐5克 ☆ 鸡蛋1个 ☆ 清水200毫升 ☆ 酵母8克

香酥粒部分：

低筋面粉70克 ☆ 细砂糖30克 ☆ 黄奶油30克

● 工具 *Tool*

搅拌器1个 ☆ 保鲜膜 ☆ 刮板1个 ☆ 电子秤1台 ☆ 蛋糕纸杯4个

● 做法 *Practice*

1 将细砂糖倒入碗中，加入清水搅拌均匀，制成糖水。

2 将高筋面粉倒在案台上，加入酵母、奶粉，用刮板混合均匀，再开窝，倒入糖水混合成湿面团。

3 加入鸡蛋、黄奶油、盐，继续揉搓，充分混合，揉搓成光滑的面团，用保鲜膜裹好，静置10分钟醒面。

4 去掉保鲜膜，把面团搓成条状，用刮板切出小剂子，用电子秤称量，每个60克左右为宜。

5 把剂子揉成小球状，取4个面球放入烤盘纸杯里，常温1.5小时发酵。

6 把细砂糖倒入玻璃碗中，加入黄奶油、低筋面粉，用手搅拌均匀，揉捏成颗粒状，制成香酥粒。

7 将香酥粒撒在面包生坯上，放入预热好的烤箱里，上下火均调为190℃，烤10分钟即成。

Tips

掌握好生坯的发酵时间，发酵不足则面包无香味，发酵过长则会有酸味、酒味，一般在常温下发酵90分钟为宜。

难易度★★★☆☆ *Time 10min*

贵妃奶黄包

咬一口，柔软的表皮包裹着奶香满满，吃一个仿佛看到彩虹般美妙。

●**材料** *Raw material*

低筋面粉............. 500克

牛奶................50毫升

泡打粉 7克

酵母....................5克

白糖.................. 100克

奶黄馅 .... 适量

●**工具** *Tool*

刮板........................1个

擀面杖 1根

包底纸 .... 数张

●**做法** *Practice*

1
把低筋面粉倒在案台上，用刮板开窝，加入泡打粉、白糖。

2
酵母加少许牛奶搅匀，倒入面窝中，加少许清水，混合均匀，揉搓成面团。

3-4
取适量面团，搓成长条状，揪成数个大小均等的剂子。

把剂子压扁，擀成中间厚、四周薄的包子皮。

5
取适量奶黄馅，放在包子皮上，收口，捏紧，捏成球状生坯。

6
生坯粘上包底纸，放入蒸笼里，发酵1小时。

7
把发酵好的生坯放入烧开的蒸笼里，加盖，大火蒸6分钟，把蒸好的奶黄包取出即可。

Tips
包子皮需中间厚四周薄，这样才能包出匀称而不会露馅的奶黄包。

难易度 ★★★ ☆ ☆　Time 33min

鸡蛋红枣发糕

营养全面的鸡蛋搭配上益气补血的红枣，绝对是女性的挚爱。

● **材料** *Raw material*

低筋面粉250克☆吉士粉50克☆泡打粉17克☆鸡蛋4个☆三花淡奶50毫升☆食用油75毫升☆红枣20克☆白糖250克

● **工具** *Tool*

电动搅拌器1个

● **做法** *Practice*

1 把低筋面粉倒入碗中，加入白糖、吉士粉、三花淡奶、鸡蛋，用电动搅拌器搅匀。

2 加入泡打粉、食用油、红枣肉，搅匀，制成发糕糊。

3 将发糕糊装入垫有笼底纸的蒸笼里，点缀上红枣。

4 将蒸笼放入烧开的蒸锅，加盖，大火蒸30分钟，把蒸好的发糕取出即可。

Tips
红枣事先用清水洗净，去核取红枣肉用于制作发糕。

～ 椰香吐司 ～

做好的吐司切成薄片，用黄油煎一下，又是一道美味茶点哦。

● **材料** *Raw material*

面团部分：高筋面粉250克
☆清水100毫升☆细白糖50
克☆奶粉20克☆酵母4克☆
黄油35克☆蛋黄15克

馅料部分：椰蓉、白糖、黄
油各20克

● **工具** *Tool*

刮板、方形模具各1个☆小刀
1把☆擀面杖1根

● **做法** *Practice*

1　将高筋面粉加酵母和奶粉拌匀，撒上白糖，倒入备好
　 的蛋黄，注入清水，慢慢地搅拌匀。

2　再放入黄油，用力地揉一会，至材料呈纯滑的面团，
　 待用。

3　将椰蓉倒入碗中，加入白糖、黄油，搅拌制成馅料。

4　取备好的面团，压平，放入馅料包好，来回地擀一会
　 儿，使材料充分融合。

5　用小刀整齐地划出若干道，翻转面片，从一端慢慢卷
　 起，放入模具中，静置约45分钟，使面团充分发酵。

6　烤箱预热，放入做好的生坯，以上火为170℃，下火
　 为200℃的温度，烤约25分钟，取出脱模即可。

Tips
食用时可把成品切片，这样会更方便一些。

难易度★★★☆☆　*Time 25min*

～ 全麦话梅吐司 ～

甜软的面包里掺杂了话梅的微酸，更有新鲜感，香甜不腻。

● **材料** *Raw material*

全麦面粉............. 250克

高筋面粉............. 250克

盐 5克

酵母.......................5克

细砂糖 100克

水 200毫升

鸡蛋........................1个

黄奶油 70克

话梅碎 140克

● **工具** *Tool*

擀面杖 1根

模具........................1个

刷子 1把

刮板........................1个

● **做法** *Practice*

1-2

将全麦面粉、高筋面粉倒在案台上，用刮板开窝，放入酵母，刮散，倒入细砂糖、水、鸡蛋，用刮板搅散。

将材料混合均匀，加入黄奶油，揉搓均匀。

3

加入少许盐，混合均匀，揉搓成面团。

4

取适量面团，揉匀，用擀面杖擀成薄的面饼，均匀地撒上话梅碎。

5

将面皮卷起，卷成橄榄状，切成等长的三段。

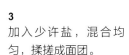

6

在模具内刷上一层黄奶油，将面团放进去，常温下发酵2个小时。

7

烤箱预热，放入发酵好的生坯，上火调170℃，下火调200℃，定时烤25分钟，取出脱模即可。

Tips

给模具刷黄油时注意要刷均匀，使烤好的土司更易脱模。

难易度 ★ ★ ★ ☆ ☆　Time 15min

～ 椰子球 ～

小点心有大魅力，椰子香加上球形身材是不是很可爱？

● **材料** *Raw material*

椰丝150克 ☆ 蛋白30克 ☆
细砂糖30克 ☆ 盐3克

● **工具** *Tool*

电动搅拌器、长柄刮板各1个

● **做法** *Practice*

1　将蛋白倒入容器中，用电动搅拌器快速打发。

2　加入细砂糖，搅拌均匀。

3　放入盐，快速拌匀。

4　将椰丝倒入容器中，用长柄刮板拌匀。

5　用手将拌好的材料捏成圆球形，放入烤盘中。

6　将烤箱温度调成上火170℃，下火170℃，放入烤盘。

7　烤至椰球上色，取出烤好的椰子球，装入盘中即可。

Tips

将材料捏成圆球时，一定要用力捏紧，否则容易散开。

难易度 ★ ★ ★ ☆ ☆　Time 25min

～ 曲奇饼 ～

想吃饼干又担心有反式脂肪？自己做啊！

●材料 Raw material

黄油100克☆色拉油100毫升☆糖粉125克☆清水37毫升☆牛奶香粉7克☆鸡蛋2个☆低筋面粉300克☆巧克力100克

●工具 Tool

筛网、电动搅拌器、裱花袋、花嘴、三角铁板各1个☆锡纸1卷

Tips

每次倒入色拉油时，一定要搅拌均匀。

●做法 Practice

1　将黄油、糖粉依次倒入大碗中，快速拌匀，倒入30克色拉油，搅拌片刻，再次倒入剩余的色拉油，边倒边快速拌匀至其呈白色，打入鸡蛋，搅拌均匀。

2　将低筋面粉、牛奶香粉过筛，加入碗中。

3　启动电动搅拌器快速搅拌均匀，倒入清水拌匀。

4　将面糊装入裱花袋中，尖端剪出小口。

5　在烤盘平铺上锡纸，把面糊挤成各种花式，放入预热好的烤箱中，以上火180℃，下火150℃，烤15分钟，至其呈金黄色，取出放凉。

6　将巧克力隔水加热成巧克力液，粘到饼干上即可。

难易度 ★ ★ ★ ☆ ☆ *Time 155min*

梅花腊肠面包

休问梅在何处，且品腊肉醇香。

●材料 *Raw material*

面团部分：

高筋面粉............. 500克

黄奶油.................. 70克

奶粉...................... 20克

细砂糖............... 100克

盐.......................... 5克

鸡蛋...................... 1个

水..................... 200毫升

酵母...................... 8克

馅料部分：

腊肠、葱花......... 各适量

●工具 *Tool*

刮板、搅拌器...... 各1个

擀面杖.................. 1根

剪刀...................... 1把

保鲜膜.................. 适量

●做法 *Practice*

1-2

将细砂糖、水搅拌成糖水，待用。

把高筋面粉、酵母、奶粉倒在案台上，用刮板开窝，倒入糖水混合均匀，加入鸡蛋，揉搓成面团。

3

将面团稍微拉平，倒入黄奶油，揉搓均匀，再加入适量盐，揉搓成光滑的面团。

4

用保鲜膜将面团包好，静置10分钟。

5-6

取适量面团切成两等份，再擀成面饼。

放入腊肠，将面饼卷成圆筒状，用剪刀在一侧剪开数个口子，将其首尾相连，摆成梅花状。

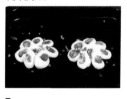

7

烤盘中放入梅花状生坯，常温发酵2小时至微微膨胀，撒入葱花。

8

将烤盘放入预热好的烤箱中，温度调至上火190℃，下火190℃，烤10分钟至熟，取出装盘。

Tips

给生坯剪的口子以刚好剪断腊肠为佳。

难易度 ★ ★ ★ ☆ ☆　*Time 131min*

葡萄干炼奶吐司

这款炼奶吐司，奶香十足，抵挡不住。

● **材料** *Raw material*

高筋面粉350克☆酵母4克☆
牛奶190毫升☆鸡蛋1个☆
盐4克☆细砂糖45克☆黄奶
油35克☆葡萄干70克☆炼乳
35克

● **工具** *Tool*

方形模具、刮板、刀片各1
个☆擀面杖1根☆保鲜膜1张

● **做法** *Practice*

1　将高筋面粉倒在案板上，用刮板开窝，加入牛奶、细
　　砂糖、酵母、盐、炼乳，刮入面粉，揉匀，放入鸡
　　蛋、黄奶油，揉匀成纯滑的面团。

2　取一半面团，用擀面杖稍擀平制成面饼，倒上葡萄
　　干，稍稍按压。

3　卷起面饼，用刀片在表面斜划三个口，放入方形模具
　　中，发酵约90分钟至原来2倍大。

4　将发酵好的生坯放入烤箱，温度调至上、下火
　　170℃，烤25分钟至熟，取出脱模即可。

Tips

可依个人喜好，适当增减白糖的用量。

难易度 ★★★☆☆　Time 155min

～ 蒜香面包 ～

自己动手做出来的面包，才是真正的健康美味。

● **材料** *Raw material*

面团部分：

高筋面粉500克☆黄奶油70
克☆奶粉20克☆细砂糖100
克☆盐5克☆鸡蛋1个☆水
200毫升☆酵母8克

馅料部分：

蒜泥50克☆黄油50克

● **工具** *Tool*

刮板、搅拌器各1个☆面包
纸杯数个☆保鲜膜1张

Tips

烤好的面包上可撒入适量黑胡椒，使其更具风味。

● **做法** *Practice*

1　将细砂糖、水倒入容器中，搅拌至砂糖溶化，待用。

2　把高筋面粉、酵母、奶粉倒在案台上，用刮板开窝，
　　倒入糖水混合均匀，加入鸡蛋，揉搓成面团。

3　将面团稍微拉开，倒入黄奶油、盐，揉搓成光滑的面
　　团，用保鲜膜将面团包好，静置10分钟。

4　备一碗，倒入蒜泥、黄油拌匀，制成蒜泥馅。

5　取适量面团，均匀分成三等份，搓圆再压扁，放入蒜
　　泥馅，逐个搓揉均匀，放入面包纸杯，常温发酵2小时
　　至原来两倍大，放入烤盘。

6　将烤盘放入预热好的烤箱中，温度调至上火190℃，
　　下火190℃，烤10分钟至熟，取出即可。

难易度 ★★★ ☆☆   *Time 145min*

奶酪慕斯

那么炎热的天气，来一份冷藏后的奶酪慕斯，清爽宜人。

● 材料 *Raw material*

奶酪慕斯：

牛奶...................75毫升

白糖.....................11克

蛋黄.....................15克

明胶粉....................7克

淡奶油...............175克

奶酪................... 110克

蛋白部分：

蛋白................... 115克

白糖................... 110克

塔塔粉......................1克

蛋黄部分：

蛋黄...................... 85克

全蛋.....................60克

色拉油...............60毫升

低筋面粉............... 80克

奶粉.........................2克

泡打粉......................2克

盐 1.5克

● 工具 *Tool*

搅拌器、电动搅拌器、
长柄刮板、圆形模具
..........................各1个
蛋糕刀......................1把

Tips

冷冻前，可以在模具上封
一层保鲜膜，这样可以防
止冰箱中的水汽进入蛋
糕，从而影响口感。

● 做法 *Practice*

1

蛋黄：取一个大碗，倒
入全蛋、蛋黄和低筋面
粉，用搅拌器搅匀，加
入色拉油、盐、奶粉、
泡打粉，拌匀。

2-3

蛋白：另取一个大碗，
倒入蛋白、白糖，用电
动搅拌器搅匀，加入塔
塔粉，搅拌匀。

把蛋白部分放入蛋黄部
分中，用长柄刮板搅
匀，倒入铺有烘焙纸的
烤盘中，抹平。

4

将烤盘放入烤箱，以上
火170℃，下火170℃
烤15分钟，取出。

5

慕斯：容器中倒入牛
奶、白糖，用搅拌器搅
匀，用小火加热。倒入
明胶粉、淡奶油、奶
酪、蛋黄，搅匀待用。

6

将烤好的蛋糕倒扣在烘
焙纸上，撕去底部的烘
焙纸。

7

用保鲜膜包好模具底
部，将模具扣在蛋糕
上，切掉蛋糕多余的
部分后放入模具，倒入
慕斯，放冰箱冷冻2小
时，取出脱模，切块即
可食用。

难易度★★★☆　*Time 155min*

洋葱培根芝士包

教你用最简单的食材，做出不简单的美味。

● **材料** *Raw material*

面团部分：

高筋面粉500克☆黄奶油70克
☆奶粉20克☆细砂糖100克☆
盐5克☆鸡蛋1个☆水200毫升
☆酵母8克

馅部分：

培根片45克☆洋葱粒40克☆
芝士粒30克

● **工具** *Tool*

刮板、搅拌器各1个☆擀面杖
1根☆面包纸杯数个☆保鲜膜
1张

● **做法** *Practice*

1　将细砂糖、水倒入容器中，搅拌至细砂糖溶化。

2　把高筋面粉、酵母、奶粉倒在案台上，用刮板开窝，倒入糖水混合均匀，并按压成形。

3　加入鸡蛋，将材料混合均匀，揉搓成面团。

4　将面团稍微拉平，倒入黄奶油，揉搓均匀，加入盐，揉搓成光滑的面团，用保鲜膜包好，静置10分钟。

5　取适量面团，用擀面杖擀平制成面饼，铺上芝士粒、洋葱粒、培根片，卷起，切成三等份，放入备好的面包纸杯中，常温发酵2小时至微微膨胀。

6　烤盘中放入发酵好的生坯，将其放入预热好的烤箱中，温度调至上火190℃，下火190℃，烤10分钟至熟即可。

Tips

搓揉面团时手上可蘸上少许色拉油，以防面团粘手。

难易度 ★ ★ ★ ☆ ☆　*Time 25min*

⌘ 柳橙饼干 ⌘

浓浓的奶香味儿与橙子的芬芳混合，做法简单的快手小饼干。

● **材料** *Raw material*

奶油120克☆糖粉60克☆鸡蛋1个☆低筋面粉200克☆杏仁粉45克☆泡打粉2克☆橙皮末适量☆橙汁15毫升

● **工具** *Tool*

电动搅拌器、筛网、刮板各1个☆刷子1把

● **做法** *Practice*

1　将奶油、糖粉倒入大碗中，用搅拌器快速搅拌均匀。

2　先倒入蛋白拌匀，再把剩下的鸡蛋全部倒入，拌匀。

3　将低筋面粉、杏仁粉、泡打粉过筛至大碗中，用刮板搅拌均匀，倒在案台上，揉搓成面团。

4　将橙皮末放到面团上，揉搓成细长条。

5　用刮板切出数个大小均等的小剂子，搓成圆球，放入烤盘，再刷上橙汁。

6　将烤盘放入烤箱中，以上火180℃，下火180℃烤15分钟至熟，取出装盘即可。

Tips

在揉搓面团的时候，如果面团粘手，可以撒上适量面粉。

～ 牛奶香草果冻 ～

牛奶的香滑，加上清香的香草，带来午后清爽好时光。

● 材料 *Raw material*

牛奶250克 ☆ 果冻粉10克 ☆
细砂糖50克 ☆ 香草粉5克

● 工具 *Tool*

模具1个

● 做法 *Practice*

1 将牛奶倒入奶锅中，开火加热煮至沸。

2 加入香草粉，快速搅拌均匀。

3 再加入细砂糖，搅至溶化。

4 倒入备好的果冻粉，搅匀，转大火稍煮至沸。

5 煮好后倒入模具中，倒至八分满。

6 放凉后放入冰箱冷藏30分钟使其凝固，取出即可。

Tips

一定要完全放凉后再放入冰箱，以免模具破裂。

难易度 ★ ★ ☆ ☆ ☆ *Time 68min*

꧁ 芒果果冻 ꧂

一阵风吹来，满满都是浓郁的芒果香味，让人深深陶醉。

● **材料** *Raw material*

芒果肉适量☆吉利丁片2片
☆白糖30克☆清水200毫升

● **工具** *Tool*

搅拌器1个

● **做法** *Practice*

1 把吉利丁片放入清水中浸泡4分钟，至其变软，捞出，备用。

2 把200毫升清水倒入锅中，放入白糖，搅匀。

3 放入吉利丁片，搅匀，煮至溶化。

4 倒入芒果肉，拌匀，倒入杯中，放入冰箱冷冻1小时。

5 取出果冻，放上适量芒果肉即可。

Tips

吉利丁片一定要泡软，这样更易煮溶化。

难易度 ★ ★ ★ ☆ ☆　*Time 360min*

～ 双层果冻 ～

大概没有人不爱香滑柔嫩、香甜可口的果冻吧！双层果冻，
给你双倍的幸福和甜蜜，让下午茶时光更惬意，更迷人。

● 材料 *Raw material*

橙汁 50毫升
椰奶 50毫升
鱼胶粉 10克
棉花糖 1颗
白糖 60克
凉开水 60毫升

● 工具 *Tool*

杯子 1个
保鲜膜 .... 适量

● 做法 *Practice*

1-2
将一半白糖加入橙汁，
另一半加入椰奶，分别
搅拌均匀，待用。

取一碗，注入凉开水，
分数次放入鱼胶粉，搅
拌至鱼胶粉溶化。

3
取出拌好的椰奶，倒入
溶化好的一半鱼胶粉，
搅拌均匀。

4
将搅拌好的椰奶倒入杯
子中，盖上保鲜膜，放
入冰箱冷藏3个小时，
取出，撕去保鲜膜。

5
取一碗，倒入橙汁，加
入剩下的鱼胶粉，搅拌
均匀，倒入果冻杯中。

6
盖上保鲜膜，放入冰箱
冷藏3个小时至凝固。

7
取出冷藏好的果冻，撕
掉保鲜膜，放上棉花糖
即可。

Tips
根据自己的口味，选择合适的白糖的量。

难易度 ★ ★ ☆ ☆ ☆　*Time 180min*

⌒ QQ糖果冻 ⌒

想把各种口味的QQ糖都做成鸡蛋布丁，总有一款是你的最爱。

● **材料** *Raw material*

QQ糖70克☆牛奶250毫升

● **工具** *Tool*

保鲜膜适量

● **做法** *Practice*

1 取一大碗，注入适量热水，将装有QQ糖的小碗放入其中。

2 倒入少量开水，不停地搅拌至QQ糖溶化。

3 锅置火上，倒入牛奶，小火加热片刻，放入溶化好的QQ糖，不停地搅拌，关火后盛出，装入碗中。

4 待放凉后装入杯中，盖上保鲜膜，放入冰箱冷藏3个小时至凝固。

5 取出冷藏好的果冻，揭掉保鲜膜即可。

Tips

QQ糖本身就很甜，所以不需加多余的白糖。

难易度 ★ ★ ☆ ☆ ☆　　*Time 35min*

～ 香橙奶酪 ～

饮罢相如烦渴解，芳生齿颊润于酥。

● **材料** *Raw material*

细砂糖50克☆牛奶250毫升
☆吉利丁片3片☆香橙果片
适量☆淡奶油250克

● **调料** *Condiment*

搅拌器1个

● **做法** *Practice*

1　把吉利丁片放到装有清水的容器中浸泡。

2　将牛奶倒入奶锅中，加入细砂糖，开小火，搅拌至细砂糖溶化。

3　泡好的吉利丁片放入奶锅，搅拌至溶化。

4　加入淡奶油，放入香橙果片，稍稍加热拌匀后关火。

5　备一个杯子，倒入拌好的材料，待凉之后放入冰箱冷藏半个小时后取出即可。

Tips
香橙果片不要加热时间过长，以免失去鲜甜的口感。

难易度 ★ ★ ☆ ☆ ☆ *Time 20min*

黄桃牛奶布丁

明亮的黄桃让你也拥有那样剔透明亮的心情。

● **材料** *Raw material*

牛奶500毫升☆细砂糖40克
☆香草粉10克☆蛋黄2个☆
鸡蛋3个☆黄桃粒20克

● **工具** *Tool*

量杯、搅拌器、筛网各1个
☆牛奶杯4个

● **做法** *Practice*

1 将锅置于火上，倒入牛奶，用小火煮热，加入细砂
   糖、香草粉，搅拌匀，关火后放凉。

2 将鸡蛋、蛋黄倒入容器中，用搅拌器拌匀。

3 把放凉的牛奶慢慢倒入蛋液中，边倒边搅拌，用筛网
   过筛两次，倒入量杯中，再倒入牛奶杯，至八分满。

4 将牛奶杯放入烤盘中，烤盘中倒入适量清水。

5 将烤盘放入烤箱中，调成上火160℃，下火160℃，
   烤15分钟至熟，取出放凉，放入黄桃粒装饰即可。

Tips
果冻倒入牛奶杯时不能太满，否则放不下黄桃。

难易度 ★ ★ ☆ ☆ ☆　　*Time 180min*

香滑菠萝牛奶布丁

布丁不仅仅是美食，更是一种生活态度。

● **材料** *Raw material*

牛奶250毫升☆菠萝味QQ糖
50克☆凉开水20毫升☆鸡蛋
3个

● **做法** *Practice*

1　用分蛋器将蛋黄和蛋白分离。

2　取一碗，注入适量热水，将QQ糖装入小碗放在热水
　　中，搅拌溶化。

3　锅置火上，倒入牛奶，小火搅拌片刻至牛奶微热。

4　加入蛋黄，搅拌均匀，放入溶化好的QQ糖，拌匀。

5　关火，将煮好的布丁液倒入2个容器中，分别盖上盖。

6　放入冰箱冷藏3个小时至凝固，取出即可。

Tips

牛奶加热时一定要用小火，至周边起小泡即可，不用煮沸。

难易度 ★ ★ ★ ☆ ☆　 *Time 30min*

焦糖布丁

宁静的午后，来一口醇香焦糖布丁，全身都舒服了。

● 材料 *Raw material*

蛋液部分：蛋黄2个☆全蛋3个☆牛奶250毫升☆香草粉1克☆细砂糖50克

焦糖部分：冷水适量☆细砂糖200克

● 工具 *Tool*

筛网、量杯各1个☆牛奶杯数个☆搅拌器1个☆烤箱1台

● 做法 *Practice*

1 锅置小火上，倒入200克细砂糖，注入适量冷水，拌匀，煮约3分钟，至材料呈琥珀色，关火后倒出材料，装入牛奶杯中，常温下冷却约10分钟。

2 取大碗，倒入全蛋、蛋黄，放入50克细砂糖，撒上香草粉，注入牛奶，快速搅拌至糖分完全溶化，制成蛋液，倒入量杯，用筛网过筛两遍，使蛋液更细滑。

3 取牛奶杯，倒入蛋液至七八分满，制成布丁生坯，放入烤盘中，再在烤盘中倒入少许清水。

4 烤箱预热，放入烤盘，以上火175℃，下火180℃的温度，烤约15分钟，取出待稍微冷却后即可食用。

Tips

煮焦糖的时候要不停地晃动锅，以免产生煳味。

难易度 ★ ★ ☆ ☆ ☆　*Time 30min*

芒果冰激凌

芒果冰激凌，提前过夏天哦~

● **材料** *Raw material*

芒果肉250克☆牛奶300毫升☆植物奶油300克☆糖粉150克☆蛋黄2个☆玉米淀粉10克

● **工具** *Tool*

搅拌器、电动搅拌器、温度计、挖球器各1个☆保鲜膜适量

● **做法** *Practice*

1　锅中倒入玉米淀粉，加入牛奶，开小火，搅拌均匀，煮至80℃关火，倒入糖粉搅匀，制成奶浆。

2　玻璃碗中倒入蛋黄，用搅拌器打成蛋液，加入奶浆、植物奶油，搅拌均匀，制成浆汁。

3　另一玻璃碗中倒入芒果肉，用电动搅拌器打成泥状，倒入浆汁，搅匀，制成冰激凌浆。

4　将冰激凌浆倒入保鲜盒中，封上保鲜膜，放入冰箱冷冻5小时至定形。

5　取出冻好的冰激凌，撕去保鲜膜，用挖球器将冰激凌挖成球状，装盘即可。

Tips

芒果肉里可能会有果渣，打成泥后可用滤网过滤一遍，冰激凌口感会更细腻。

难易度 ★ ★ ☆ ☆ ☆　　Time 30min

～ 苹果冰激凌 ～

奶油和果味融合之后那一丝香甜，让午后沉闷的空气也活跃起来。

● **材料** *Raw material*

牛奶300毫升 ☆ 植物奶油300克 ☆ 糖粉150克 ☆ 蛋黄2个 ☆ 苹果泥300克 ☆ 玉米淀粉10克

● **工具** *Tool*

搅拌器、温度计、挖球器各1个 ☆ 保鲜膜适量

● **做法** *Practice*

1　锅中倒入玉米淀粉，加入牛奶，搅拌均匀，用小火煮至80℃关火。

2　倒入糖粉，搅拌均匀，制成奶浆。

3　玻璃碗中倒入蛋黄，用搅拌器打成蛋液，加入奶浆、植物奶油，搅拌均匀，制成浆汁。

4　加入苹果泥，搅拌均匀，制成冰激凌浆，倒入保鲜盒，封上保鲜膜，放入冰箱冷冻5小时至定形。

5　取出冻好的冰激凌，撕去保鲜膜，用挖球器将冰激凌挖成球状，装碟即可。

Tips

玉米淀粉可事先过筛，制作出的冰激凌浆会更细滑。

难易度 ★ ★ ★ ☆ ☆　*Time 30min*

∽ 蓝莓冰激凌 ∽

经典的不一定是最好的，但是最好的一定是经典。

● **材料** *Raw material*

牛奶300毫升☆植物奶油300克☆糖粉150克☆蛋黄2个☆玉米淀粉15克☆蓝莓酱100克

● **工具** *Tool*

搅拌器、电动搅拌器、挖球器、温度计、保鲜盒各1个☆保鲜膜适量

● **做法** *Practice*

1　锅中倒入玉米淀粉、牛奶，开小火，用搅拌器搅拌均匀，煮至80℃关火，倒入糖粉搅拌均匀，制成奶浆。

2　玻璃碗中倒入蛋黄，用搅拌器打成蛋液。

3　待奶浆温度降至50℃，倒入蛋液中搅拌均匀。倒入植物奶油，搅拌均匀，制成浆汁。

4　玻璃碗加入蓝莓酱，倒入浆汁，搅拌匀，制成冰激凌浆，倒入保鲜盒，封上保鲜膜，放入冰箱冷冻5小时。

5　取出冻好的冰激凌，撕去保鲜膜，用挖球器将冰激凌挖成球状，装碟即可。

Tips

可加入新鲜蓝莓肉，水果的味道会更好。

难易度 ★ ★ ☆ ☆ ☆　*Time 30min*

～ 西红柿冰激凌 ～

西红柿真是优雅迷人的百搭果蔬，做冰激凌也毫不逊色。

● 材料 *Raw material*

牛奶300毫升☆植物奶油300克☆糖粉150克☆蛋黄2个☆玉米淀粉15克☆西红柿酱300毫升

● 工具 *Tool*

搅拌器、电动搅拌器、挖球器、温度计、保鲜盒各1个☆保鲜膜适量☆雪糕纸杯1个

● 做法 *Practice*

1 锅中倒入玉米淀粉、牛奶，开小火，用搅拌器搅拌均匀，煮至80℃关火，倒入糖粉搅拌均匀，制成奶浆。

2 玻璃碗中倒入蛋黄，用搅拌器打成蛋液。

3 待奶浆温度降至50℃，倒入蛋液中搅拌均匀。

4 倒入植物奶油、西红柿酱，用电动搅拌器打匀，制成冰激凌浆，倒入保鲜盒，封上保鲜膜，放入冰箱冷冻5小时。

5 取出冻好的冰激凌，撕去保鲜膜，用挖球器挖成球状，装入雪糕纸杯即可。

Tips

若想口感更幼滑，可适当增加植物奶油的分量。

香芋冰激凌

一款香芋冰激凌，让你轻松享受夏天。

● 材料 Raw material

牛奶300毫升☆植物奶油300克☆糖粉150克☆蛋黄2个☆玉米淀粉15克☆熟香芋泥300克

● 工具 Tool

搅拌器、电动搅拌器、温度计、挖球器、保鲜盒各1个☆保鲜膜适量

● 做法 Practice

1 锅中倒入玉米淀粉、牛奶，开小火，用搅拌器搅拌均匀，煮至80℃关火。

2 倒入糖粉搅拌均匀，制成奶浆，待用。

3 玻璃碗中倒入蛋黄，用搅拌器打成蛋液。

4 待奶浆温度降至50℃，倒入蛋液中搅拌均匀。

5 倒入植物奶油、熟香芋泥，用电动搅拌器打匀，制成冰激凌浆。

6 将冰激凌浆倒入保鲜盒，封上保鲜膜，放入冰箱冷冻5小时至定形。

7 取出冻好的冰激凌，撕去保鲜膜，用挖球器将冰激凌挖成球状，装碟即可。

Tips

香芋泥较少有成品售卖，可以自己动手来制作。先将芋头上锅蒸熟，挖取芋肉，碾压成泥状，就可以用来制作冰激凌了。

难易度 ★★ ☆ ☆ ☆　*Time 30min*

青苹果冰激凌

清新的气息扑面而来，带着丝丝青涩的甜香，
心动就在一瞬间。

● **材料** *Raw material*

牛奶................300毫升

植物奶油............300克

糖粉..................150克

蛋黄.....................2个

玉米淀粉..............15克

青苹果汁..........200毫升

● **工具** *Tool*

搅拌器、电动搅拌器、温
度计、挖球器、保鲜盒
..........................各1个
保鲜膜...................适量

● **做法** *Practice*

1
锅中倒入玉米淀粉，加
入牛奶，开小火，用搅
拌器搅拌均匀。

5
倒入植物奶油，倒入青
苹果汁，用电动搅拌器
打匀，制成冰激凌浆。

2
用温度计测温，煮至
80℃关火，倒入糖
粉，搅拌均匀，制成奶
浆，待用。

6
将冰激凌浆倒入保鲜
盒，封上保鲜膜，放入
冰箱冷冻5小时。

7
取出冻好的冰激凌，撕
去保鲜膜，用挖球器将
冰激凌挖成球状，装入
容器即可。

3-4
玻璃碗中倒入蛋黄，搅
拌器打成蛋液。

待奶浆的温度降至
50℃，将其倒入蛋液
中，搅拌均匀。

Tips
青苹果汁较酸，可加入适量蜂蜜或细砂糖。

鲜莓柠檬冰激凌

蓝莓和柠檬都是我的最爱，两个都不舍得放弃。

● **材料** *Raw material*

牛奶300毫升 ☆ 植物奶油300克 ☆ 糖粉150克 ☆ 蛋黄2个 ☆ 玉米淀粉15克 ☆ 蓝莓汁100毫升 ☆ 酸奶150毫升 ☆ 柠檬汁20毫升

● **工具** *Tool*

搅拌器、电动搅拌器、挖球器、温度计、保鲜盒各1个 ☆ 保鲜膜适量

● **做法** *Practice*

1 锅中倒入玉米淀粉，加入牛奶，开小火，用搅拌器搅拌均匀，煮至80℃关火。

2 加入糖粉，搅拌均匀，待奶浆温度降至50℃，将蛋黄倒入锅中，搅拌均匀，制成浆汁。

3 将浆汁倒入玻璃碗中，加入植物奶油、酸奶、蓝莓汁、柠檬汁。

4 用电动搅拌器打发均匀，制成冰激凌浆，倒入保鲜盒，封上保鲜膜，放入冰箱冷冻5小时至定形。

5 取出冻好的冰激凌，撕去保鲜膜，用挖球器将冰激凌挖成球状，装碟即可。

Tips

蓝莓汁和柠檬汁都较酸，可适当增加糖粉的用量。

难易度 ★ ★ ☆ ☆ ☆　*Time 30min*

〜 香草牛奶冰激凌 〜

香草的味道萦绕在鼻尖，久久不散，欲罢不能。

● 材料 *Raw material*

牛奶300毫升☆植物奶油300克☆糖粉150克☆蛋黄2个☆玉米淀粉15克☆香草粉60克

● 工具 *Tool*

搅拌器、电动搅拌器、挖球器、温度计、保鲜盒各1个☆保鲜膜适量

● 做法 *Practice*

1　锅中倒入玉米淀粉，加入牛奶，开小火，搅拌均匀。

2　用温度计测温，煮至80℃关火，倒入糖粉，搅拌均匀，制成奶浆，待用。

3　玻璃碗中倒入蛋黄，用搅拌器打成蛋液。

4　待奶浆温度降至50℃，倒入蛋液中，搅拌均匀。

5　倒入植物奶油、香草粉，打匀，制成冰激凌浆，倒入保鲜盒，封上保鲜膜，放入冰箱冷冻5小时。

6　取出冻好的冰激凌，撕去保鲜膜，用挖球器将冰激凌挖成球状，装入容器即可。

Tips

香草粉放进去后不开动搅拌器，先手动搅拌一会儿，再启动机器搅拌，以免粉末飞溅。

难易度 ★ ★ ★ ☆ ☆　　*Time 30min*

绿豆冰激凌

绿豆一直是夏天的宠儿，绿豆沙，绿豆冰激凌，一样都不错过。

● **材料** *Raw material*

牛奶300毫升 ☆ 植物奶油300克 ☆ 糖粉150克 ☆ 蛋黄2个 ☆ 玉米淀粉15克 ☆ 绿豆泥350克 ☆ 柠檬汁30毫升

● **工具** *Tool*

搅拌器、电动搅拌器、温度计、挖球器、保鲜盒各1个 ☆ 保鲜膜适量

● **做法** *Practice*

1　锅中倒入玉米淀粉，加入牛奶，开小火，用搅拌器搅拌均匀，用温度计测温，煮至80℃关火。

2　倒入糖粉，搅拌均匀，制成奶浆，待用。

3　玻璃碗中倒入蛋黄，用搅拌器打成蛋液。

4　待奶浆温度降至50℃，倒入蛋液中，搅拌均匀。

5　倒入植物奶油、绿豆泥、柠檬汁，拌匀，制成冰激凌浆，倒入保鲜盒，封上保鲜膜，放入冰箱冷冻5小时。

6　取出冻好的冰激凌，撕去保鲜膜，用挖球器将冰激凌挖成球状，装入容器即可。

Tips

待奶浆温度降至50℃左右再加入蛋液，以免将蛋液烫熟。

难易度 ★ ☆ ☆ ☆ ☆　*Time 2min*

～ 柳橙冰沙 ～

柳橙酸甜好味道，冰沙搭配倍解暑。

● **材料** *Raw material*

柳橙汁50毫升☆白糖30克☆
香草粉5克☆凉开水150毫升

● **工具** *Tool*

冰格1件
电动榨汁机1台

● **做法** *Practice*

1　将备好的凉开水倒入冰格中。

2　冷冻约5小时，冻成冰块，取出后搅碎，制成冰沙。

3　将柳橙汁装在碗中，加入白糖。

4　撒上香草粉，匀速地搅拌一会儿，制成果汁，待用。

5　取一干净的玻璃杯，铺上一层冰沙，倒入备好的果汁
　　即可。

Tips

制果汁时可用隔水加热的方式，能令白糖充分溶化。

难易度★ ☆ ☆ ☆ ☆　　*Time 2min*

～ 酸奶樱桃冰沙 ～

简单的酸奶，简单的冰沙，配上鲜红樱桃就是不能忽视的存在！

● **材料** *Raw material*

樱桃150克☆原味酸奶125
毫升☆白糖20克☆柠檬1
片☆凉开水150毫升

● **工具** *Tool*

冰格1件☆电动榨汁机1台

● **做法** *Practice*

1　将备好的凉开水倒入冰格中，冷冻约5小时，取出后搅碎，制成冰沙，待用。

2　取榨汁机，选择搅拌刀座组合，放入洗净的樱桃。

3　倒入酸奶，撒上白糖，盖上盖子。

4　选择"搅拌"功能，运行约30秒，榨出果汁。

5　断电后倒出，装在碗中，待用。

6　另取一个玻璃杯，铺上一层冰沙。

7　再倒入榨好的樱桃果汁，装饰上柠檬片即可。

Tips

樱桃最好去核后再使用，以免影响果汁的醇度。

难易度 ★ ☆ ☆ ☆ ☆　*Time 34min*

～ 冰镇橙汁果盘 ～

五彩甜蜜的水果，搭配酸甜的橙汁冷藏后带来丝丝冰凉。

● **材料** *Raw material*

火龙果丁250克☆猕猴桃丁150克☆圣女果100克☆芒果丁50克☆橙汁30毫升☆白糖5克

● **工具** *Tool*

保鲜膜适量

● **做法** *Practice*

1　橙汁中倒入白糖，搅拌均匀至溶化。

2　取一大碗，倒入切好的圣女果、猕猴桃丁，再放入切好的火龙果丁、芒果丁。

3　倒入搅匀的橙汁，搅拌均匀。

4　封上保鲜膜，放入冰箱冷藏30分钟，取出，揭开保鲜膜，装盘即可。

Tips

喜欢口味偏酸的话，可将橙汁替换成柠檬汁。

难易度 ★ ☆ ☆ ☆ ☆ *Time 1min*

西瓜芒果冰沙

西瓜就是夏天的代名词，没有它，夏天怎么会完整？

● **材料** *Raw material*

西瓜170克 ☆ 芒果125克 ☆
酸奶60克

● **工具** *Tool*

电动榨汁机1台

● **做法** *Practice*

1 西瓜切取瓜肉，改切成小块；芒果取果肉，切成小块。

2 取准备好的榨汁机，选择搅拌刀座组合，倒入切好的
   水果（留少量芒果肉备用），盖好盖。

3 选择"榨汁"功能，榨出果汁，断电后倒出果汁，装
   入杯中。

4 再加入备好的酸奶，点缀上少许芒果果肉即可。

Tips

榨汁时可以加入少许碎冰，这样果汁的口感更冰爽。

〜 椰香哈密瓜球 〜

一杯椰香哈密瓜球，再选一部精彩的电影，整个下午都甜蜜起来了。

● 材料 *Raw material*

哈密瓜800克 ☆ 椰浆20毫升
☆ 牛奶200毫升

● 工具 *Tool*

挖球器1个

● 做法 *Practice*

1 用挖球器挖取哈密瓜果肉。

2 把哈密瓜球放入杯中，待用。

3 砂锅中倒入牛奶、椰浆，略煮一会儿。

4 关火后盛出煮好的奶汁，倒入杯中即可。

Tips

可依个人喜好，待奶汁煮好稍放凉后加入蜂蜜并拌匀。

Part 03

经典下午茶套餐，
简约不简单

　　清人《都门杂咏》中的竹枝词这样描述老北京奶酪："闲向街头啖一瓯，琼浆满饮润枯喉。觉来下咽如脂滑，寒沁心脾爽似秋。"夏日里的下午茶，绝对不能缺的就是冰爽甜品，奶酪、布丁、冰激凌、冰沙，统统不能错过，如同诗词里所说"下咽如脂滑""寒沁心脾"，齿颊留香。和好友一起，共享这冰爽甜蜜好时光吧。

Afternoon tea set 01

金龙麻花+ 荷叶茶

香酥麻花，是小时候点点滴滴的甜蜜记忆，这份下午茶会不会勾起你的怀旧情怀？

仿佛置身于夏日荷塘边，微风习习，清新的荷叶和玫瑰香搭上微酸的山楂，既解油腻，又缓解压力，美容瘦身。

难易度 ★ ★ ★ ☆ ☆　Time 100min

～ 金龙麻花 ～

● **材料** *Raw material*

低筋面粉300克☆酵母5克
泡打粉5克☆白糖100克
食用油120毫升☆鸡蛋液20毫升

● **工具** *Tool*

刮板1个

● **做法** *Practice*

1 将低筋面粉倒在案台上，用刮板开窝。

2 加入白糖、酵母、泡打粉，加入少许清水，搅匀。

3 倒入鸡蛋液和少许食用油，将材料混合均匀，揉搓成纯滑的面团。

4 将面团放入碗中，包上保鲜膜，静置发酵90分钟。

5 取出发酵好的面团，搓成长条，切成数个粗条。

6 将粗条搓成细长条，两端连接在一起，扭成麻花状，制成生坯，撒上白糖。

7 热锅注油，烧至五六成热，放入生坯，油炸约4分钟至两面金黄色，捞出沥干油，装入盘中即可。

难易度 ★ ☆ ☆ ☆ ☆　Time 6min

～ 荷叶茶 ～

● **材料** *Raw material*

干荷叶5克☆山楂干12克
枸杞8克☆玫瑰花少许
决明子25克

● **做法** *Practice*

1 碗中注入适量温开水。

2 放入备好的干荷叶、山楂干、枸杞、玫瑰花，清洗干净。

3 捞出材料，沥干水分待用。

4 取一个瓷茶壶，倒入洗好的材料，放入决明子。

5 注入适量开水，至九分满。

6 盖上杯盖，泡约5分钟，至材料析出有效成分。

7 将泡好的药茶倒入小茶杯中即可。

葡式蛋挞+香醇玫瑰奶茶

做法见
P37

葡式蛋挞口感松软香酥，奶味蛋香浓郁，搭配一杯浓郁芳香的玫瑰奶茶，调理血气、美容养颜，是下午茶的必备佳品呦。

难易度★★★☆☆ *Time 12min*

〜 葡式蛋挞 〜

●材料 *Raw material*

牛奶..................100毫升

鲜奶油................ 100克

蛋黄.....................30克

细砂糖....................5克

炼奶........................5克

吉士粉....................3克

蛋挞皮..................适量

●工具 *Tool*

搅拌器.....................1个

量杯.........................1个

筛网.........................1个

●做法 *Practice*

1 奶锅置于火上，倒入牛奶，加入细砂糖，开小火，加热至细砂糖全部溶化，搅拌均匀。

2 倒入鲜奶油，煮至溶化，加入炼奶，拌匀，倒入吉士粉，拌匀，倒入蛋黄，拌匀，关火待用。

3 用滤网将蛋液过滤两次，备用.

4 准备好蛋挞皮，把搅拌好的材料倒入蛋挞皮，约八分满即可。

5 打开烤箱，将烤盘放入烤箱中。

6 以上火150℃，下火160℃烤约10分钟至熟。

7 取出烤好的葡式蛋挞，装入盘中即可。

Tips
开火后要不断搅拌，以免细砂糖煳锅。

Afternoon tea set 03

布列塔尼酥饼+杏仁木瓜船

一说起布列塔尼，就会想到张小娴《面包树上的女人》中的句子，"那一年，在布列塔尼，当夜空上最后一朵烟花坠落……"搭配木瓜船，在银河上邀游。

难易度 ★ ★ ★ ☆ ☆   *Time 30min*

布列塔尼酥饼

● **材料** *Raw material*

低筋面粉95克☆糖粉35克
玉米淀粉20克☆高筋面粉5克
黄奶油100克☆蛋黄1个

● **工具** *Tool*

刮板1个☆刷子1把

● **做法** *Practice*

1 将高筋面粉、玉米淀粉、低筋面粉混合倒在案台上，用刮板开窝。

2 加入糖粉、黄奶油，将材料混合均匀，揉搓成光滑的面团。

3 把面团切成数个小剂子，再搓成圆饼状，制成生坯。

4 把生坯装入烤盘里，刷上一层蛋黄。

5 把烤盘放入预热好的烤箱里，以上火190℃，下火190℃烤15分钟至熟。

7 取出放凉即可。

难易度 ★ ★ ☆ ☆ ☆   *Time 15min*

杏仁木瓜船

● **材料** *Raw material*

木瓜1个☆白糖40克
牛奶90毫升☆西杏片30克
杏仁粉10克

● **工具** *Tool*

牙签1根☆搅拌器1个

● **做法** *Practice*

1 用刀在木瓜一侧切下一薄片，作为底座。

2 在对侧切开一个盖子，用勺子挖掉木瓜瓤。

3 在盖子上切下一小片，切成三角块，插上一根牙签，制成小旗子。

4 把牛奶装入碗中，加白糖、杏仁粉搅匀，倒入木瓜船中，放入西杏片。

5 放入烧开的蒸锅，加盖，大火蒸10分钟。

6 揭盖，把蒸好的杏仁木瓜船取出。

7 插上装饰用的小旗子即可。

达克酥饼+摩卡冰咖啡

做法见
P30

蕴含椰蓉的清香却不甜腻，轻盈而丰满的造型，如法国名媛淑女般细腻可人，搭配香醇的摩卡冰咖啡，带你走进梦幻的下午茶时间。

难易度 ★ ★ ★ ☆ ☆　*Time 35min*

⌇ 达克酥饼 ⌇

● 材料 *Raw material*

黄奶油 65克

糖粉 80克

色拉油 20毫升

蛋白 20克

低筋面粉 100克

椰蓉 30克

泡打粉 2克

● 工具 *Tool*

刮板 1个

● 做法 *Practice*

1 将低筋面粉倒在案台上，倒上泡打粉，用刮板开窝。

2 加入糖粉、蛋白，稍加搅拌，放入黄奶油，混合均匀。

3 加入椰蓉揉搓均匀，倒入色拉油，揉搓成光滑的面团。

4 用刮板将面团分切成数个小剂子。

5 将小剂子搓圆，裹上椰蓉，制成生坯。

6 装入烤盘中，再放入预热好的烤箱里。

7 关上箱门，以上火190℃，下火150℃烤20分钟至熟，取出烤好的酥饼即可。

Tips

生坯的大小要均匀，这样在烘烤时更易熟透。

虾饺皇+酱汁凤爪+清甜菊花茶

经典广式茶点，早餐、午餐、晚餐、加餐，都毫无压力，一口一个，吃到爽！美美地吃完一份凤爪，来一壶清甜的菊花茶，芳香怡人又清火。

难易度★★★★☆　*Time 10min*

虾饺皇

● **材料** *Raw material*

澄面300克☆生粉60克☆虾仁100克☆猪油60克☆肥肉粒40克☆盐2克☆鸡粉2克☆白糖2克☆芝麻油2毫升☆胡椒粉少许

● **工具** *Tool*

干毛巾1条☆刮板1个☆擀面杖1根

● **做法** *Practice*

1 把虾仁放在干净的毛巾上吸干其表面的水分，装入碗中，放入胡椒粉、生粉、鸡粉、盐、白糖，拌匀。

2 加入肥肉粒、猪油，拌匀，加入芝麻油，拌匀，制成馅料。

3 把澄面和生粉倒入碗中，混合均匀，倒入适量开水，搅拌，烫面。

4 把面糊倒在案台上，搓成光滑的面团。

5 取适量面团，搓成长条状，切成数个大小均等的剂子，压扁，擀成饺子皮。

6 取适量馅料放在饺子皮上，收口，捏紧，制成饺子生坯，装入垫有包底纸的蒸笼里。

7 放入烧开的蒸锅，加盖，大火蒸4分钟，取出即可。

Tips

虾仁加胡椒粉拌匀腌渍，可以去除虾仁的腥味，还能起到提鲜的作用。

清甜菊花茶

做法见
P40

难易度 ☆☆☆☆☆　*Time 15min*

⫸ 酱汁凤爪 ⫷

● **材料** *Raw material*

炸鸡爪150克☆八角、桂皮、姜片各适量☆
蒜油80毫升☆豆豉油80毫升☆辣椒酱、柱
候酱、叉烧馅、花生酱、生粉各适量☆盐2
克☆白糖2克

● **做法** *Practice*

1　锅中注入适量清水烧开，倒入炸鸡爪，
　　放入姜片、八角、桂皮、盐，烧开后小
　　火炖1小时。

2　把煮好的鸡爪捞出放凉，切成小块，装
　　入碗中，加适量生粉，拌匀待用。

3　把叉烧馅倒入碗中，加入花生酱、辣椒
　　酱、柱候酱、盐、白糖，拌匀。

4　分数次加入少许清水，搅成糊状。

5　放入鸡爪、蒜油、豆豉油，拌匀。

6　将拌好的鸡爪装入蒸笼碟子里。

7　放入烧开的蒸锅，大火蒸10分钟，将蒸
　　好的酱汁凤爪取出即可。

Tips
可以根据自己的喜好，挤上沙拉酱或酸奶，口感会更好。

Afternoon tea set 06

苏打饼干+百合绿茶

这款简单的苏打饼干，满屋飘香，口感酥脆，奶香浓郁，是不是你一直在寻找的，小时候吃的那种饼干的味道？看似干枯的茶叶遇水如逢春，释放出所有的清新，娇艳的鲜花将吐露香气与精华，花与茶的邂逅，如此美丽动人。

难易度 ★ ★ ★ ☆ ☆　*Time 30min*

～ 苏打饼干 ～

● **材料** *Raw material*

酵母6克☆水140克
低筋面粉300克☆盐2克
苏打粉2克☆黄奶油60克

● **工具** *Tool*

刮板1个☆擀面杖1根
叉子1把

● **做法** *Practice*

1　将低筋面粉、酵母、苏打粉、盐倒在面板上，混匀。

2　在中间开窝，分次倒入水，用刮板搅拌，加入黄奶油，一边翻搅一边按压，制成平滑的面团。

3　在面板上撒上些许干粉，放上面团，用擀面杖将面团擀制成0.2厘米的面皮。

4　用菜刀将面皮四周不整齐的地方修掉，将其切成大小一致的长方片。

5　在烤盘内垫入高温布，将切好的面皮整齐地放入烤盘内，用叉子在面片上戳上装饰花纹。

6　将烤盘放入预热好的烤箱内，上火温度调为200℃，下火调为200℃，时间定为10分钟，烤至饼干松脆。

7　戴上隔热手套将烤盘取出放凉即可。

难易度 ★ ☆ ☆ ☆ ☆　*Time 30min*

～ 百合绿茶 ～

● **材料** *Raw material*

绿茶叶15克☆鲜百合花、白糖各少许

● **做法** *Practice*

1　取一碗清水，倒入绿茶叶，清洗干净。

2　捞出材料，沥干水分，装入小碗中，待用。

3　另取一个玻璃壶，倒入洗好的绿茶，放入洗净的鲜百合花。

4　注入适量的开水，至七八分满，泡约3分钟。

5　将泡好的绿茶倒入杯中，加入少许白糖拌匀即可。

Afternoon tea set 07

蛋黄小饼干+冰镇仙草奶茶

做法见
P33

不曾想到这小巧的身形竟可以承载如此浓郁的甜香，真是忍不住一口一个小可爱。

难易度 ★ ★ ★ ☆ ☆　　*Time 0min*

蛋黄小饼干

● 材料 *Raw material*

低筋面粉...............90克

鸡蛋.....................1个

蛋黄.....................1个

白糖....................50克

泡打粉..................2克

香草粉..................2克

● 工具 *Tool*

刮板.....................1个

裱花袋..................1个

● 做法 *Practice*

1 把低筋面粉装入碗里，加入泡打粉、香草粉，拌匀，倒在案台上，用刮板开窝。

2 倒入白糖，加入鸡蛋、蛋黄，搅匀。

3 将材料混合均匀，和成面糊。

4 把面糊装入裱花袋中，备用。

5 在烤盘铺一层高温布，挤上适量面糊成饼干生坯。

6 将烤盘放入烤箱，以上火170℃，下火170℃烤15分钟至熟。

7 取出烤好的饼干，装入盘中即可。

Tips

挤入面糊时要大小均匀，这样烤出来的饼干才美观。

Afternoon tea set 08

黄金卷+清凉西瓜汁

作为经典的传统中式点心，黄金卷用多种食材炮制而成，色泽金黄鲜亮，香味诱人，拌入各种时蔬，营养加倍！

难易度 ★ ★ ★ ☆ ☆　*Time 10min*

〜 黄金卷 〜

● **材料** *Raw material*

熟咸蛋黄碎40克☆面包糠30克
冬瓜糖丁40克☆蛋白40克
春卷皮2张☆面粉浆适量☆食
用油适量

● **工具** *Tool*

刷子、剪刀各1把☆滤网1个

● **做法** *Practice*

1　将咸蛋黄碎、冬瓜糖丁放入碗中，拌匀，即成馅。

2　将春卷皮铺平，用勺子取适量的馅，放在春卷皮底端，自下而上慢慢卷起。

3　在前端边沿刷上适量面粉浆，使边沿粘合。

4　把面包糠倒在圆盘上。

5　用刷子将蛋白刷在春卷外皮上，再裹上面包糠。

6　锅中注入适量油烧热，放入春卷，小火炸2分钟至春卷成金黄色。

7　将炸好的黄金卷捞出，沥干油，用剪刀剪成小段。

Tips

第一次卷时不要放太多馅，量少一点会卷得比较漂亮。

难易度 ★ ☆ ☆ ☆ ☆　*Time 1min*

〜 清凉西瓜汁 〜

● **材料** *Raw material*

西瓜肉300克

● **做法** *Practice*

1　西瓜肉切小块。

2　取榨汁机，放入适量西瓜肉。

3　选择第一挡，榨出果汁。

4　倒入余下的西瓜肉，继续榨出西瓜汁。

5　将榨好的果汁倒入杯中即可。

Tips

西瓜籽应去除干净，以免影响口感。

Afternoon tea set 09

蔓越莓饼干+牛奶杏仁露

给最平凡的饼干来点不一样吧，蔓越莓的加入给香脆的饼干增加了酸甜适口的味道，让滋味和颜色更微妙。

难易度 ★★★☆☆ *Time 78min*

⌒ 蔓越莓饼干 ⌒

● **材料** *Raw material*

低筋面粉90克☆蛋白20克
奶粉15克☆黄油80克
糖粉30克☆蔓越莓干适量

● **工具** *Tool*

刮板1个☆保鲜膜1张
刀1把

● **做法** *Practice*

1 将低筋面粉倒在面板上，加奶粉、糖粉、蛋白拌匀。

2 倒入黄油，将铺开的低筋面粉铺上去，揉成团。

3 揉好后加入蔓越莓干，揉成长条。

4 包上保鲜膜，放入冰箱冷冻1个小时。

5 拆下保鲜膜，切成0.5厘米厚的饼干生坯，摆入烤盘。

6 将烤箱预热，放入烤盘，以上火160℃，下火160℃烤,15分钟至熟。

7 取出烤盘，把烤好的饼干放凉，装入容器中即可。

Tips

饼干生坯放入烤盘时，饼干之间的空隙要留大些，以免粘连在一起。

难易度 ★★☆☆☆ *Time 23min*

⌒ 牛奶杏仁露 ⌒

● **材料** *Raw material*

牛奶300毫升☆杏仁50克
冰糖20克☆水淀粉50毫升

● **做法** *Practice*

1 砂锅中注水烧开，倒入杏仁，拌匀。

2 盖上盖，用大火煮开后转小火续煮15分钟至熟。

3 揭盖，加入冰糖，搅拌至溶化。

4 倒入牛奶，拌匀。

5 用水淀粉勾芡，稍煮片刻，搅拌至浓稠状。

6 关火后盛出煮好的杏仁露，装碗即可。

Tips

可以用蜂蜜代替冰糖，待杏仁露煮好稍放凉后加入，润喉、美容效果更好。

Afternoon tea set 10

杏仁核桃酥+黄桃沙拉

杏仁是润肺嫩肤的首选佳品，这款杏仁核桃酥可是既美味又美白，还能开启下午茶时间的美容话题哦。

难易度 ★ ★ ★ ☆ ☆　*Time 20min*

～ 杏仁核桃酥 ～

● **材料** *Raw material*

低筋面粉500克☆白糖250克
蛋黄1个☆食用油50毫升
食粉3克☆臭粉2克
西杏片40克☆核桃仁40克
蛋黄1个

● **工具** *Tool*

刮板1个☆刷子1把
蛋糕纸杯数个

● **做法** *Practice*

1　把低筋面粉倒在案台上，加入白糖混合均匀，用刮板开窝，倒入鸡蛋、食粉、臭粉，搅匀。

2　加少许清水和食用油，搅匀，刮入面粉，混合均匀。

3　分数次加入少许清水，搅匀，揉搓成光滑的面团。

4　取适量面团压扁，放上核桃仁、西杏片，揉搓均匀，搓成长条状，切成数个大小均等的生坯。

5　把生坯装入蛋糕纸杯中，再逐个放上少许西杏片，装入烤盘里。

6　把烤箱上下火均调为160℃，预热5分钟，放入烤盘，烤6分钟至熟透。

7　戴上手套，把杏仁核桃酥取出，逐个刷上一层蛋黄，放入烤箱再烤2分钟，取出即可。

Tips

先将烤箱预热好，再放入生坯进行烘烤，这样可以烤出口感细腻，外形饱满的酥饼。

难易度 ★ ☆ ☆ ☆ ☆　*Time 3min*

～ 黄桃沙拉 ～

● **材料** *Raw material*

黄桃125克☆葡萄40克
酸奶60克 ☆沙拉酱10克

● **做法** *Practice*

1　洗净的黄桃切块；洗净的葡萄对半切开，待用。

2　取一空碗，倒入切好的黄桃和葡萄。

3　加入酸奶，拌至均匀，装入小碗中。

4　挤上沙拉酱即可。

Tips

也可用橄榄油和柠檬汁调成沙拉汁，会更开胃，且有益于健康。

卡雷特饼干+葡萄奶酥+柠檬姜茶

吃完下午茶，把多的饼干用漂亮的防油纸盒或者透明的塑料盒装起来，再用粉色丝带打个结，送给朋友真的是极好的！

难易度 ★ ★ ☆ ☆ ☆　　*Time 30min*

～ 卡雷特饼干 ～

● **材料** *Raw material*

黄奶油75克☆糖粉40克☆蛋黄10克☆低筋面粉95克☆泡打粉4克☆柠檬皮末适量
装饰部分：
蛋黄1个

● **工具** *Tool*

刮板1个☆叉子1把☆刷子1把☆模具数个

● **做法** *Practice*

1　将低筋面粉倒在案台上，用刮板开窝，倒入泡打粉，刮向粉窝四周。

2　加入糖粉、蛋黄，用刮板搅散。

3　加入黄奶油，将材料混匀揉搓成面团，把柠檬皮末倒在面团上，揉搓均匀。

4　将面团搓成长条，切成数个小剂子。

5　将小剂子放入模具压严实，制成生坯。

6　刷一层蛋黄，用叉子划上条纹。

7　把生坯放入预热好的烤箱里，以上火180℃，下火150℃烤20分钟即可。

Tips
可在模具中刷上黄奶油，这样更易脱模。

柠檬姜茶

做法见
P41

难易度 ★ ★ ☆ ☆ ☆　*Time 18min*

～ 葡萄奶酥 ～

● **材料** *Raw material*

低筋面粉195克☆葡萄干60克☆玉米淀粉
15克☆蛋黄45克☆奶粉12克☆黄油80克☆
细砂糖50克☆蛋黄1个

● **工具** *Tool*

刮板、擀面杖各1个☆刀、刷子各1把

● **做法** *Practice*

1 将低筋面粉铺在面板上，加入奶粉、玉
　米淀粉，搅拌匀。

2 中间开窝，倒入细砂糖、蛋黄搅拌匀。

3 倒入黄油搅拌匀，加入葡萄干揉匀。

4 用擀面杖将其擀成0.5厘米厚的片，切去
　边缘，切成小方块。

5 摆入烤盘刷一层蛋黄，放入烤箱中。

6 上火160℃，下火160℃烤约15分钟。

7 把烤好的饼干装入盘中即可。

Tips
葡萄干不易嵌入面团，可以分多次加入。

Afternoon tea set 12

黄金椰蓉球+香草牛奶冰激凌

做法见
P129

每当经过蛋糕店，我总是被那金黄的椰蓉球所吸引，它那可爱的
外形、椰蓉的香味时刻勾引着我的味蕾！自己动手做起来，既好
又放心，和好朋友分享它吧！

难易度 ★ ★ ☆ ☆ ☆　*Time 22min*

～ 黄金椰蓉球 ～

● 材料 *Raw material*

椰蓉粉 130克

黄油........................40克

糖粉........................40克

牛奶....................5毫升

蛋黄........................30克

奶粉........................15克

● 工具 *Tool*

电动搅拌器 1个

● 做法 *Practice*

1 将黄油、糖粉加入容器中，拌匀。

2 倒入牛奶，搅拌均匀，放入蛋黄、奶粉，拌匀。

3 倒入椰蓉粉，搅拌均匀，待用。

4 把拌好的食材捏成数个椰蓉球生坯。

5 烤盘垫一层高温布，将球团生坯放在烤盘里。

6 将烤盘放入烤箱中，以上火170℃，下火170℃烤20分
钟至熟，取出烤盘即可。

Tips

椰蓉球不宜烤太久，否则容易裂开。

酥皮菠萝包+梦幻杨梅汁

橙黄色的外衣，香甜的气味，望一眼就好似尝到了酥甜，爱上一款面包的感觉就是如此吧。

夏季的炎热让人没了食欲，来一杯酸甜可口的杨梅汁，瞬时让所有的菜品都变得魅力非凡。

难易度 ★★ ☆ ☆ ☆　　*Time 23min*

〰 酥皮菠萝包 〰

● **材料** *Raw material*

酥皮部分

低筋面粉325克☆白糖300克
☆猪油50克☆黄奶油100克☆
鸡蛋1个☆臭粉2.5克☆奶粉
40克☆食粉2.5克☆泡打粉4
克☆吉士粉适量

面团部分

高筋面粉500克☆猪油50克
白糖100克☆蛋黄1个☆酵母7
克☆奶黄馅、菠萝肉、牛奶各
适量

● **工具** *Tool*

刮板1个☆擀面杖1根☆刷子1把

● **做法** *Practice*

1　把低筋面粉倒在案台上，加入白糖、吉士粉、奶粉、臭
　　粉、食粉、泡打粉，混合均匀。

2　把黄奶油、猪油混合均匀，加入到混合好的低筋面粉
　　中，混合均匀再加入鸡蛋，搅拌揉搓成酥皮面团。

3　将高筋面粉倒在案台上，中间开窝，倒入白糖、蛋黄。

4　酵母加少许清水搅匀，倒入面粉中搅匀，加入猪油、牛
　　奶，搅匀，再加少许清水，混合均匀，揉搓成面团。

5　取适量面团搓成长条状，揪成数个大小均等的剂子，搓
　　圆再压扁，擀成中间厚四周薄的面皮，放上奶黄馅、菠萝
　　肉，收口捏紧，粘上包底纸装入烤盘，发酵至两倍大。

6　取适量酥皮面团，搓成长条，切成小剂子，再压成薄
　　皮，放在生坯上，逐个刷上一层蛋黄。

7　将烤箱上、下火均设为180℃，时间设为20分钟，把生
　　坯放入烤箱，待熟透取出即可。

Tips

事先将菠萝肉用淡盐水浸泡半小时，以破坏其中的致敏成分，还能够使菠萝的一部分有机酸分解在盐
水里，使得菠萝的味道更甜。

难易度 ★★ ☆ ☆ ☆　　*Time 1min*

〰 梦幻杨梅汁 〰

● **材料** *Raw material*

杨梅100克☆白糖15克

● **做法** *Practice*

1　洗净的杨梅取果肉切小块，放入榨汁机中。

3　加入少许白糖，注入适量纯净水，盖好盖子。

4　选择"榨汁"功能，榨取果汁。

5　断电后倒出杨梅汁，装入杯中即成。

芝麻酥球+杨枝甘露+香橙奶酪

那数不尽的点点滴滴是幸福的滋味，幽香绵长的萦绕在心间。

难易度 ★ ★ ☆ ☆ ☆　*Time 35min*

～ 芝麻酥球 ～

● **材料** *Raw material*

黄奶油90克☆糖粉70克☆蛋白20克☆低筋面粉100克☆泡打粉2克☆食粉1克☆玉米淀粉20克☆白芝麻适量

● **工具** *Tool*

刮板1个

● **做法** *Practice*

1　将低筋面粉倒在案台上，放上玉米淀粉、泡打粉、食粉，用刮板开窝。

2　倒入糖粉、黄奶油、蛋白，刮入面粉，混合均匀，揉搓成光滑的面团。

3　将面团搓成长条，用刮板分切成数个小剂子。

4　把小剂子搓成球状，再裹上白芝麻，制成生坯，放入烤盘。

5　放入预热好的烤箱里。

6　关上箱门，以上火190℃，下火150℃烤20分钟至熟，取出放凉装入盘中即可。

Tips

烤箱要先预热，可使生坯迅速定型，口感更佳。

香橙奶酪

做法见
P117

难易度 ★ ★ ☆ ☆ ☆　*Time 20min*

∽ 杨枝甘露 ∽

- **材料** *Raw material*

芒果肉65克☆西米45克☆椰汁70毫升

- **做法** *Practice*

1 芒果肉切成小丁块。

2 锅置火上，倒入备好的西米，注入适量清水。

3 煮约25分钟，至西米呈透明状。

4 盛出煮好的西米，放入凉开水中。

5 待其放凉后将西米滤出，待用。

6 另起锅，倒入椰汁，用中火略煮。

7 关火后盛出煮好的椰汁，装入杯中，再加入煮好的西米，倒入芒果丁即成。

Tips

煮西米的过程中，要不时地搅拌，以免粘锅。

Afternoon tea set 15

罗兰酥+牛奶冰咖啡

做法见
P31

松脆的酥皮，包裹着蔓越莓的香气，层层叠叠地绕出了紫罗兰的
花语，美得像个梦境，我永恒的爱人。

难易度 ★ ★ ☆ ☆ ☆　*Time 25min*

罗兰酥

● 材料 *Raw material*

黄奶油 125克

细砂糖 75克

低筋面粉 100克

蛋黄 2个

高筋面粉 100克

装饰部分

蛋黄 .... 少许

蔓越莓果酱 .... 适量

● 工具 *Tool*

刮板 1个

擀面杖 1根

圆形模具 2个

刷子 1把

● 做法 *Practice*

1 将高筋面粉、低筋面粉倒在案台上，用刮板开窝，加入
细砂糖、蛋黄，用刮板搅匀。

2 放入黄奶油，刮入面粉混合均匀，揉搓成光滑的面团。

3 在案台撒上一层面粉，把面团压扁，用擀面杖擀成约
0.5厘米厚的面皮，用模具压出12个圆形面皮。

4 用小一号的模具在其中6块圆形面皮中心压出小一圈的
面皮，去掉边角料，再把较小的面皮去掉，制成6个环
状面皮，刷上一层蛋黄，放在圆形面皮上。

5 将生坯放在烤盘里，刷上一层蛋黄，放入蔓越莓果酱。

6 将生坯放入预热好的烤箱里，以上火190℃，下火
190℃，烤15分钟。

7 把烤好的蛋糕取出，装入盘中即可。

Tips

烤箱要提前预热，烤制的温度不要随意调高，否则容易将饼干烤焦。

Afternoon tea set 16

黄油曲奇+丰胸茶

自己动手为全家人做一份香脆的曲奇吧！家人吃着甜滋滋，自己
心里那肯定乐滋滋啦！

難易度 ★★ ☆ ☆ ☆　*Time 17min*

～ 黄油曲奇 ～

● **材料** *Raw material*

黄油130克 ☆ 鸡蛋1个 ☆ 细砂糖35克 ☆ 糖粉65克 ☆ 香草粉5克 ☆ 低筋面粉200克

● **工具** *Tool*

电动搅拌器、裱花袋、裱花嘴、长柄刮板各1个 ☆ 剪刀1把

● **做法** *Practice*

1　取一个容器，放入糖粉、黄油，用电动搅拌器打发至乳白色。

2　加入鸡蛋，继续搅拌，再加入细砂糖，搅拌匀。

3　加入香草粉、低筋面粉，充分搅拌均匀。

4　用刮板将材料搅拌片刻，装入裱花袋中。

5　在烤盘上铺上一张油纸，将裱花袋中的材料挤在烤盘上，挤出自己喜欢的形状制成饼坯。

6　将烤盘放入预热好的烤箱中，上火调至180℃，下火调至160℃，定时17分钟。

7　戴上隔热手套将烤盘取出，将烤好的曲奇饼装入盘中即可食用。

Tips

挤压裱花袋的时候，用力要均匀、一致，才能使饼干更漂亮。

難易度 ★★ ☆ ☆ ☆　*Time 0min*

～ 丰胸茶 ～

● **材料** *Raw material*

黄芪8克 ☆ 当归12克 ☆ 枸杞、桂圆肉、红枣各少许 ☆ 红糖适量

● **做法** *Practice*

1　取一碗清水，倒入黄芪、当归、枸杞、桂圆肉、红枣，洗净捞出，沥干水分备用。

2　另取一个茶壶，放入洗好的材料，注开水至九分满。

3　盖上杯盖，泡约5分钟，至汤汁散出香味。

4　揭开盖，加入备好的红糖，搅拌匀，泡约10分钟，至材料析出有效成分，倒入小玻璃杯中即可。

Tips

可以先将药材煎出药汁，再泡上桂圆肉，药效会更佳。

巧克力司康+玫瑰红茶+黑巧克力圈

因为逝去的甜蜜回忆起来总有苦涩，因此喜欢黑巧克力淡淡的苦味。

难易度 ★ ★ ☆ ☆ ☆　*Time 30min*

巧克力司康

● **材料** *Raw material*

高筋面粉90克☆糖粉30克☆全蛋1个☆低筋面粉90克☆黄奶油50克☆鲜奶油50克☆泡打粉3克☆黑巧克力液、白巧克力液、蛋黄各适量

● **工具** *Tool*

刮板1个☆擀面杖1根☆圆形模具2个☆刷子1把

● **做法** *Practice*

1 将高筋面粉倒在案台上，加入低筋面粉，用刮板开窝，倒入黄奶油、糖粉、泡打粉、全蛋、鲜奶油。

2 用刮板将材料混匀，揉搓成湿面团。

3 将面团擀成约2厘米厚的面皮，用大模具压出圆形面坯，再用小模具在面坯上压出环状压痕，将环形内的面皮撕开。

5 把生坯静置10分钟，至其中间成凹陷，放入烤盘里，边缘刷上适量蛋黄液，放入预热好的烤箱里。

6 以上火160℃，下火160℃烤15分钟，取出装入盘中，倒入适量白巧克力液。

7 用筷子蘸少许黑巧克力液，在司康上划圈，划出花纹，放凉后即可食用。

Tips
在生坯上划巧克力液时动作要轻柔。

玫瑰红茶

做法见
p28

难易度 ★ ★ ☆ ☆ ☆   *Time 3min*

∽ 黑巧克力圈 ∽

● **材料** *Raw material*

高筋面粉250克☆酵母4克☆奶粉15克☆黄
奶油35克☆纯净水100毫升☆细砂糖50克
☆蛋黄25克☆黑巧克力适量☆食用油适量

● **工具** *Tool*

刮板、筛网、甜甜圈模具各1个☆擀面杖1根

● **做法** *Practice*

1 将高筋面粉、酵母、奶粉倒在面板上，
   用刮板拌匀铺开，倒入细砂糖、蛋黄拌
   匀，加入适量纯净水，搅拌按压成型，
   放入黄奶油，揉至面团表面光滑。

2 把面团擀薄，用模具转动按压，制成数个
   甜甜圈生坯，静置发酵至两倍大左右。

3 锅中注油烧热，放入甜甜圈，小火炸至
   两面金黄，捞出待用。

4 巧克力装入碗中，隔水加热至溶化。

5 备好烘焙纸和架子，放上甜甜圈，淋上
   巧克力酱。

7 等巧克力冷却变硬，放入盘中即可。

Tips
烹炸时最好用筷子多翻动，以使内外受热均匀。

芝士吐司+润肤养胃奶茶

做法见
P35

芝士让平淡无奇的吐司大变身，午餐和晚餐之间来一份芝士吐司，让疲惫感瞬间清空，立刻原地满血复活！

难易度 ★ ★ ☆ ☆ ☆　*Time 15min*

芝士吐司

● **材料** *Raw material*

吐司.........................2片

火腿.........................1片

芝士.........................20克

黄奶油..................30克

● **工具** *Tool*

蛋糕刀......................1把

● **做法** *Practice*

1　将备好的材料放在案台上。

2　取一片吐司，放在铺有高温布的烤盘里，抹上一层黄奶油。

3　放上火腿片，盖上另一片吐司，铺上一层芝士。

4　把吐司放入预热好的烤箱里。

5　以上火190℃，下火190℃烤10分钟。

6　取出烤好的芝士吐司，用蛋糕刀将其切成三角块。

7　将切好的芝士吐司装入盘中即可。

Tips
烘烤的时间不宜过长，以免将吐司烤焦。

Afternoon tea set **19**

榴梿冻芝士蛋糕+酸奶果冻杯

不需要复杂的装饰，靠榴梿独特的香甜就能把你彻底征服！

榴梿冻芝士蛋糕

● **材料** *Raw material*

底衬部分

饼干80克☆黄奶油45克

蛋糕体部分

芝士120克☆植物奶油130克
牛奶30毫升☆吉利丁片2片
白糖50克☆榴梿肉适量

● **工具** *Tool*

三角铁板1个☆搅拌器1个擀
面杖1根☆圆形模具1个
蛋糕刀1把

● **做法** *Practice*

1 把饼干装入碗中捣碎，加入黄奶油，搅拌均匀，装入圆形模具中，用勺子压实、压平。

2 吉利丁片放入清水中浸泡2分钟

3 牛奶倒入锅中，加入白糖，拌匀，加入植物奶油和泡软的吉利丁片，放入适量榴梿肉，将其搅匀。

4 加入芝士搅拌，煮至溶化，制作成芝士浆。

5 将煮好的芝士浆倒入饼干糊，将其放入冰箱中冷冻2小时至定型后取出。

6 取走蛋糕模具，用蛋糕刀划过蛋糕底部，取下蛋糕装入盘中即可。

Tips
榴梿肉可事先搅成泥状后加入，这样口感更细腻。

酸奶果冻杯

● **材料** *Raw material*

果冻粉20克☆酸奶100毫升
牛奶200毫升☆白糖15克

● **工具** *Tool*

200毫升玻璃杯1个，400毫升马克杯1个，微波炉1台，保鲜膜适量

● **做法** *Practice*

1 牛奶中放入果冻粉搅拌均匀。

2 倒入400毫升的杯子中。

3 加入白糖，搅拌均匀，封上保鲜膜。

4 将拌匀的液体放入备好的微波炉中，加热2分钟。

5 取出牛奶果冻液，揭开保鲜膜，倒入酸奶拌匀。

7 倒入200毫升的杯中，放入冰箱冷藏至凝固即可。

Tips
白糖的用量可随个人喜好加入。

杂蔬火腿芝士卷+铜锣烧+港式冻奶茶

偷偷告诉你，铜锣烧是哆啦A梦最喜欢的糕点哦。搭配一杯香醇浓厚、丝般润滑的港式冻奶茶，给你满满的好心情。

难易度★★☆☆☆　　*Time 155min*

杂蔬火腿芝士卷

● 材料 *Raw material*

面团部分：高筋面粉500克☆黄奶油70克☆奶粉20克☆细砂糖100克☆盐5克☆鸡蛋1个☆水200毫升☆酵母8克

馅料部分：菜心粒20克☆洋葱粒30克☆玉米粒20克☆火腿粒50克☆芝士粒35克☆沙拉酱适量

● 工具 *Tool*

刮板、搅拌器各1个☆擀面杖1根☆面包纸杯数个☆刷子1把

● 做法 *Practice*

1　将细砂糖、水倒入容器中，搅拌溶化。

2　把高筋面粉、酵母、奶粉倒在案台上，用刮板开窝，倒入糖水混合均匀，并按压成形。

3　加入鸡蛋，揉搓成面团，将面团稍微拉平，倒入黄奶油、适量盐，揉搓成光滑的面团。

4　用保鲜膜将面团包好，静置10分钟。

5　取适量面团，用擀面杖擀平制成面饼，面饼上均匀铺入洋葱粒、菜心粒、火腿粒、芝士粒。

6　将面饼卷起，切成三等份，放入面包纸杯，撒上玉米粒，常温发酵2小时至膨胀，放入烤盘。

7　表面刷沙拉酱，放入预热好的烤箱中，温度调至上火190℃，下火190℃，烤10分钟至熟。

Tips

适当增加酵母的用量，可使面包更加蓬松。

港式冻奶茶

做法见
P33

难易度 ★ ★ ☆ ☆ ☆　　*Time 10min*

≈ 铜锣烧 ≈

● **材料** *Raw material*

鸡蛋4个 ☆ 低筋面粉240克 ☆ 细砂糖80克 ☆ 蜂蜜60克 ☆ 食粉3克 ☆ 水6毫升 ☆ 色拉油40毫升 ☆ 牛奶15毫升 ☆ 糖液适量

● **工具** *Tool*

电动搅拌器、三角铁板各1个 ☆ 勺子、刷子各1把

● **做法** *Practice*

1　取一个容器，倒入细砂糖、鸡蛋，搅拌至起泡。

2　加入低筋面粉，充分搅拌均匀。

3　再倒入食粉，拌匀，依次加入蜂蜜、水、色拉油、牛奶，搅拌匀。

4　煎锅置于灶上，舀适量面糊倒入锅中。

5　用小火煎至表面起泡，翻一面煎至两面焦黄。

6　盛出装入盘中，刷上一层薄薄的糖液。

7　将剩余的面糊依次制成铜锣烧，装入盘中，刷上糖液即可食用。

Tips

煎铜锣烧的时候火候不要太大，以免煎焦。

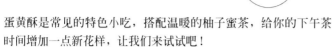

Afternoon tea set 21

蛋黄酥+柚子蜜茶

做法见
P40

蛋黄酥是常见的特色小吃，搭配温暖的柚子蜜茶，给你的下午茶时间增加一点新花样，让我们来试试吧！

难易度★★☆☆☆　*Time 83min*

～ 蛋黄酥 ～

● 材料 *Raw material*

水皮部分：

清水.................100毫升

低筋面粉............250克

猪油.....................40克

糖粉.....................75克

油皮部分：

低筋面粉............200克

猪油.....................80克

馅料部分：

莲蓉...................200克

咸蛋黄.................45克

外皮装饰：

蛋黄液、芝麻......各少许

● 工具 *Tool*

刮板........................1个

擀面杖...................1根

刷子........................1把

保鲜膜..................适量

● 做法 *Practice*

1　碗中加入低筋面粉、糖粉、清水、猪油，和匀，揉至面团纯滑，包保鲜膜静置30分钟成水皮面团。

2　碗中加低筋面粉、猪油，搅拌至猪油溶化、面团纯滑，包保鲜膜静置约30分钟成油皮面团。

3　在台面上撒少许面粉，将水皮面团擀薄。

4　取油皮面团压平，擀成水皮的1/2大小，放在水皮面团上对折，多擀几次使材料融合。

5　将面皮切成两半，取一份擀平，紧紧卷起，切成数个小剂子，揉圆再压平，制成圆饼坯。

6　取莲蓉揉圆再压平，放入切好的咸蛋黄，包好搓圆制成馅料，放入饼坯中，包好、捏紧，收好口，再轻轻搓圆，制成酥坯。

7　将酥坯放入烤盘中，均匀地刷上一层蛋黄液，撒上芝麻，即成蛋黄酥生坯。

8　烤箱预热，放入烤盘，关好，以上火190℃，下火200℃的温度，烤约20分钟，至蛋黄酥熟透即成。

Tips

咸蛋黄切成小碎粒，容易包入莲蓉中，又能保持颗粒状的口感。

Afternoon tea set 22

牛奶面包+无花果葡萄柚汁

看似平凡的外表下，其实加入了醇香的牛奶，口感十分香甜，还
带着淡淡的奶香。

难易度 ★ ★ ☆ ☆ ☆　　*Time 110min*

牛奶面包

● **材料** *Raw material*

高筋面粉200克☆蛋白30克
酵母3克☆牛奶100毫升
细砂糖30克☆黄奶油35克
盐2克

● **工具** *Tool*

刮板1个☆擀面杖1根
剪刀1把

● **做法** *Practice*

1　将高筋面粉倒在案台上，加入盐、酵母，用刮板混合
　　均匀。

2　再用刮板开窝，倒入蛋白、适量细砂糖，搅匀，倒入
　　牛奶、黄奶油，搓成湿面团，再搓成光滑的面团。

3　把面团分成三等份剂子，搓成光滑的小面团，用擀面
　　杖擀成薄厚均匀的面皮。

4　把面皮卷成圆筒状，制成生坯，装入垫有高温布的烤
　　盘里，常温发酵1.5小时。

5　用剪刀在发酵好的生坯上逐一剪开数道平行的口子，
　　再逐个往开口处撒上剩余的细砂糖。

6　取烤箱，放入生坯，关上门，上火调为190℃，下火
　　调为190℃，烘烤15分钟，取出装盘。

Tips

将大面团分成若干均等的小面团，再依据个人的创意需要选用不同的模具，制作出形
状多样的面包。

难易度 ★ ★ ☆ ☆ ☆　　*Time 1min*

无花果葡萄柚汁

● **材料** *Raw material*

葡萄柚100克☆无花果40克

● **做法** *Practice*

1　葡萄柚去皮，切成小块; 处理好的无花果切小块, 待用。

2　备好榨汁机，倒入葡萄柚、无花果和适量凉开水。

3　盖上盖，调转旋钮榨取果蔬汁。

4　打开盖，将榨好的果蔬汁倒入杯中即可。

Tips

榨好的果汁可以放到冰箱，冷藏后再饮用，口感会更好。

Afternoon tea set 23

香烤奶酪三明治+玫瑰红茶

做法见
P28

打破了三明治做法都很简单的常规思维，当烤箱把奶酪溶化，芳香四溢的奶味自然告诉你，它很特别。

难易度★★☆☆☆　*Time 9min*

香烤奶酪三明治

● **材料** *Raw material*

奶酪........................1片
黄奶油 .... 适量
吐司........................2片

● **工具** *Tool*

勺子........................1把
蛋糕刀 1把

● **做法** *Practice*

1　取一片吐司，均匀涂抹上黄奶油。

2　放上奶酪片，再抹上少许黄奶油。

3　盖上一片吐司。

4　将三明治放入烤盘中，将烤箱预热。

5　烤盘放入烤箱中，温度调至上、下火170℃，烤5分钟至熟。

6　将烤好的三明治切成两个长方状。

7　将两个长方状三明治叠加一起即可。

Tips
依个人喜好，适当增减黄奶油的用量。

Afternoon tea set 24

抹茶马卡龙+酸奶水果沙拉

轻咬它的外壳，你会感到一种介于酥脆与柔软之间的独特口感；
而品尝它的内馅，你更会陶醉于淡淡的抹茶清香之中。

难易度★★☆☆☆　*Time 0min*

〜 抹茶马卡龙 〜

● **材料** *Raw material*

细砂糖150克☆水30毫升
蛋白45克☆杏仁粉120克
蛋白50克☆糖粉120克
打发的鲜奶油适量☆抹茶
粉5克

● **工具** *Tool*

电动搅拌器、刮板、筛
网、长柄刮板各1个☆裱花
袋2个☆硅胶1块☆剪刀1把
☆温度计1支

● **做法** *Practice*

1 将容器置于火上，倒入水、细砂糖，拌匀煮至砂糖完全溶化，用温度计测水温为80℃后关火。

2 将50克蛋白倒入大碗中，用电动搅拌器打发至起泡，一边倒入煮好的糖浆，一边搅拌，制成蛋白部分，备用。

3 碗中放入杏仁粉、糖粉，加45克蛋白，搅拌成糊状，倒入1/3的蛋白部分，搅拌均匀，倒入剩余的蛋白部分，加入抹茶粉，拌匀，制成抹茶面糊。

5 将面糊装入裱花袋中，在尖端剪一个小口。把硅胶放在烤盘上，再挤上大小均等的圆饼状面糊，待其凝固成形，即成饼皮。

6 放入烤箱，上火150℃，下火150℃烤15分钟，取出放凉。

7 把打发的鲜奶油装入裱花袋，尖端剪开小口；取一块饼皮挤上适量鲜奶油，再取一块饼皮盖上即成马卡龙。

Tips

若没有鲜奶油，可用其他甜品酱料替代。

难易度★★☆☆☆　*Time 2min*

〜 酸奶水果沙拉 〜

● **材料** *Raw material*

哈密瓜100克☆火龙果100克
苹果100克☆圣女果50克
酸奶100毫升

● **调料**

蜂蜜、柠檬汁各15毫升

● **做法** *Practice*

1 洗净去皮的哈密瓜、火龙果分别切成小块；苹果去皮、去核，切块；圣女果对半切开。

2 将切好的水果放入碗中，用保鲜膜将果盘包好，放入冰箱冷藏20分钟；酸奶、蜂蜜、柠檬汁混合搅匀，制成酸奶酱。

3 取出水果，去除保鲜膜，将调好的酸奶酱浇在水果上，拌匀即可。

Tips

柠檬汁能提供酸甜的味道，并防止水果被氧化变黄，怕酸的人可以增加蜂蜜的比例。

Afternoon tea set 25

蔓越莓司康+鲜榨菠萝汁

做法见
p43

金黄色的丰满的小身段，散发出诱人香气，是一种适合下午茶的
点心。配上一杯菠萝汁，感觉十分美妙。

难易度★★☆☆☆　*Time 22min*

蔓越莓司康

● **材料** *Raw material*

黄油......................55克

细砂糖 50克

高筋面粉............ 250克

泡打粉 17克

牛奶................125毫升

蔓越莓干...............适量

低筋面粉...............50克

蛋黄........................1个

● **工具** *Tool*

刮板........................1个

保鲜膜 1张

刷子........................1把

擀面杖 1根

● **做法** *Practice*

1 将高筋面粉、低筋面粉、泡打粉和匀，开窝。

2 倒入细砂糖和牛奶，放入黄油，慢慢地搅拌一会，至材
料完全融合在一起，再揉成面团。

3 再把面团铺开，放入蔓越莓干，揉搓一会。

4 擀成约2厘米厚的面皮，覆上保鲜膜，包好，放入冰箱
冷藏半个小时。

5 取冷藏好的面皮，撕去保鲜膜，用模具制成数个蔓越莓
司康生坯。

6 放在烤盘中，摆放整齐，刷上一层蛋黄，待用。

7 烤箱预热，放入烤盘，以上下火均为180℃的温度，烤
约20分钟，熟透即成。

Tips
保鲜膜最好要封紧，这样冷藏好后，面皮才更容易压出生坯。

Part 04

英式下午茶，
优雅的小聚会

　　每个地方都有自己喝茶的习惯，广东人喝早茶，江浙人泡龙井，英国人则喝下午茶。阿萨姆、大吉岭、伯爵或锡兰红茶，混入牛奶，便是一杯香醇、丝滑的奶茶。英式的下午茶除了芳香浓郁的茶味之外，它从茶叶的选用、茶具的品质、冲泡的要领、摆设的方式、空间的氛围，乃至社交的礼仪都是讲究的一部分，当然还有愉悦味蕾的小点美食。因此，一顿看似轻松悠闲的下午茶，也可以是充满仪式感的茶话盛宴。而我们大可不必拘泥于这些，因为这样似乎有悖闲适的初衷，何不在传统的基础上，按照自己的爱好发挥一下创意呢？

Afternoon tea set 01

萌爪爪奶油蛋糕卷+巧克力水果塔
迷你肉松酥饼+抹茶马卡龙+姜汁红茶

萌爪爪蛋糕、香浓巧克力、水果塔、肉松饼和缤纷马卡龙，加上暖暖的红茶，一恍惚仿佛回到了甜蜜而悠闲的童年时光。

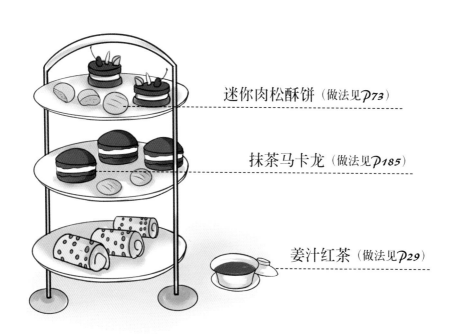

迷你肉松酥饼（做法见*P73*）

抹茶马卡龙（做法见*P185*）

姜汁红茶（做法见*P29*）

◄ 萌爪爪奶油蛋糕卷 ►　　◄ 巧克力水果塔 ►

难易度 ★ ★ ★ ☆ *Time 50min*

萌爪爪奶油蛋糕卷

● **材料** *Raw material*

蛋白部分：蛋白140克☆柠檬汁少许☆细砂糖50克☆可可粉适量

蛋黄部分：蛋黄85克☆细砂糖10克☆纯牛奶60毫升☆色拉油50毫升☆低筋面粉100克

馅料部分：香橙果酱适量

● **工具** *Tool*

搅拌器、电动搅拌器、长柄刮板、裱花袋各1个☆蛋糕刀1把

● **做法** *Practice*

1 蛋黄部分：将纯牛奶倒入玻璃碗中，加入细砂糖、色拉油、低筋面粉、蛋黄，搅拌成纯滑的面浆。

2 蛋白部分：将蛋白倒入玻璃碗中，加入细砂糖、柠檬汁，快速打发至鸡尾状。

3 取适量打发好的蛋白，加入少许面浆、可可粉，用长柄刮板搅匀，装入裱花袋，在烤盘中的烘焙纸上挤成猫爪图案，放入预热好的烤箱里，上火160℃，下火160℃烤约3分钟，取出。

4 将剩余的面浆和蛋白混合搅匀，制成蛋糕浆，倒在烤盘里抹匀，以上火170℃，下火170℃烤15分钟。

5 取出蛋糕，撕去烘焙纸，抹上香橙果酱，把蛋糕卷成卷，两端切齐整，再切成两段即可。

难易度 ★ ★ ★ ☆ ☆ *Time 30min*

巧克力水果塔

● **材料** *Raw material*

黄奶油100克☆鸡蛋1个
低筋面粉125克☆牛奶50毫升
可可粉15克☆车厘子5颗
罐装黄金桃适量☆糖粉70克
黑巧克力液、白奶油、白巧克力各适量

● **工具** *Tool*

刮板、电动搅拌器、模具、裱花袋各1个☆剪刀1把☆擀面杖1根

● **做法** *Practice*

1 将可可粉放入低筋面粉中，倒入黄奶油、糖粉、鸡蛋混合均匀，揉搓成光滑的面团。

2 用擀面杖把面团擀成约0.5厘米厚的面皮，用模具在面皮上压出8块圆形面皮，去掉边角，放入烤盘，入烤箱以上火170℃，下火170℃烤15分钟。

3 把白奶油倒入大碗中，用电动搅拌器搅拌均匀，分次加入牛奶，拌匀制成馅料，装入裱花袋。

4 取出烤好的面饼，放在白纸上，在其中4块蘸上黑巧克力液；把馅料挤在剩余的面饼上，盖上巧克力面饼，逐个摆上白巧克力、车厘子、黄金桃作装饰即可。

Afternoon tea set 02

香葱苏打饼干+蔓越莓司康+抹茶蜂蜜蛋糕+黄油曲奇+鲜薄荷柠檬茶

好友为伴，甜点助兴，无论是分享生活、倾诉心事，还是聊聊天，不管到几时都无所谓，就是要尽兴。

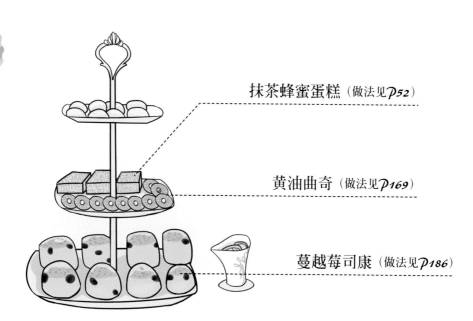

抹茶蜂蜜蛋糕（做法见*p52*）

黄油曲奇（做法见*p169*）

蔓越莓司康（做法见*p186*）

◀ 香葱苏打饼干 ▶   ◀ 鲜薄荷柠檬茶 ▶

〜 香葱苏打饼干 〜

● **材料** *Raw material*

黄奶油30克☆酵母粉4克
盐3克☆低筋面粉165克
牛奶90毫升☆苏打粉1克
葱花、白芝麻各适量

● **工具** *Tool*

刮板、模具各1个☆擀面杖1根
叉子1把

● **做法** *Practice*

1 把低筋面粉倒在案台上，用刮板开窝，倒入酵母，加入白芝麻、苏打粉、盐，倒入牛奶，将材料混合，揉搓匀。

2 加入黄奶油、葱花，揉搓均匀，用擀面杖把面团擀成0.3厘米厚的面皮。

3 用模具压出数个饼干生坯，把饼干生坯放入烤盘中，用叉子在饼干生坯上扎小孔。

4 将烤盘放入烤箱，以上火170℃，下火170℃烤15分钟。

5 从烤箱中取出烤盘，将烤好的饼干装入盘中即可。

〜 鲜薄荷柠檬茶 〜

● **材料** *Raw material*

柠檬70克☆鲜薄荷叶、冰糖
少许☆热红茶适量

● **做法** *Practice*

1 洗净的柠檬切薄片。

2 取一个瓷杯，注入备好的热红茶。

3 放入柠檬片，加入少许冰糖。

4 最后点缀上几片鲜薄荷叶，浸泡一会儿即可饮用。

Afternoon tea set 03

红豆乳酪蛋糕+巧克力果仁司康+达克酥饼+黄桃沙拉+茉莉花柠檬茶

大家都关掉手机，就着淡淡的茉莉花香，来一口巧克力司康，再来个甜蜜的乳酪蛋糕，香甜的黄桃沙拉殿后，这个下午，不知不觉就过去了。

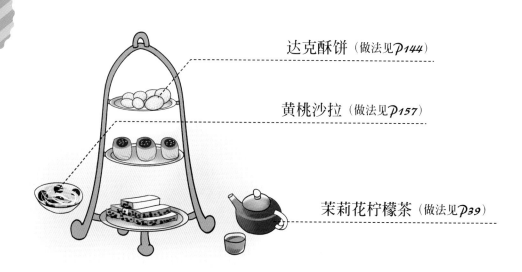

达克酥饼（做法见*P144*）

黄桃沙拉（做法见*P157*）

茉莉花柠檬茶（做法见*P39*）

‹ 红豆乳酪蛋糕 ›

‹ 巧克力果仁司康 ›

难易度 ★ ★ ★ ☆ ☆   *Time 30min*

红豆乳酪蛋糕

● **材料** *Raw material*

芝士250克☆鸡蛋3个
细砂糖20克☆酸奶75毫升
黄奶油25克☆红豆粒80克
低筋面粉20克☆糖粉适量

● **工具** *Tool*

长柄刮板、筛网、电动搅拌
器各1个☆蛋糕刀1把

● **做法** *Practice*

1 将芝士隔水加热至溶化，用电动搅拌器搅拌均匀。

2 加入细砂糖、黄奶油、鸡蛋、低筋面粉、酸奶、红豆
粒，搅拌匀，倒入垫有烘焙纸的烤盘中，抹平。

3 将烤箱预热，调成上火180℃，下火180℃，放入烤
盘，烤15分钟。

4 取出蛋糕倒扣在白纸上，撕去蛋糕底部的烘焙纸。

5 把白纸另一端盖上蛋糕，将其翻面，将边缘修整齐。

6 再切成长约4厘米、宽约2厘米的块，装入盘中，筛上
适量糖粉即可。

难易度 ★ ★ ☆ ☆ ☆   *Time 35min*

巧克力果仁司康

● **材料** *Raw material*

高筋面粉90克☆糖粉30克
全蛋1个☆低筋面粉90克
黄奶油50克☆鲜奶油50克
泡打粉3克☆蛋黄1个
巧克力液适量☆腰果碎20克

● **工具** *Tool*

刮板1个☆擀面杖1根☆圆形
模具2个☆刷子1把

● **做法** *Practice*

1 将高筋面粉、低筋面粉混合，倒入黄奶油、糖粉、泡
打粉、全蛋、鲜奶油，混合均匀，揉搓成面团。

2 用擀面杖将面团擀成约2厘米厚的面皮，用较大的模
具压出圆形面坯，再用较小的模具在面坯上压出环状
压痕，将环形内的面皮撕开。

3 把生坯放在案台上，静置10分钟，至其中间成凹形。

4 把生坯放入烤盘，在边缘刷上适量蛋黄。

5 放入预热好的烤箱里，上、下火160℃烤20分钟。

6 取出烤好的面饼装入盘中，倒入适量巧克力液，再撒
上腰果碎即可。

Afternoon tea set 04

火腿鸡蛋三明治+香葱司康+冰镇玫瑰奶茶+葡式蛋挞+芝士吐司

经典的咸味三明治、司康，甜蜜葡式蛋挞和芝士吐司，搭配玫瑰奶茶，来一场经典的英式下午茶盛宴，体验唇齿交融的幸福感。

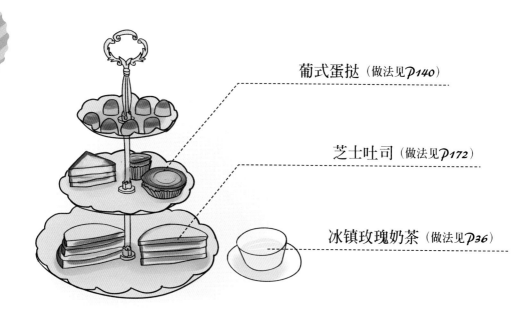

葡式蛋挞（做法见 *P140*）

芝士吐司（做法见 *P172*）

冰镇玫瑰奶茶（做法见 *P36*）

‹ 火腿鸡蛋三明治 ›　　‹ 香葱司康 ›

难易度 ★ ★ ☆ ☆ ☆　　　Time 30min

～ 火腿鸡蛋三明治 ～

● **材料** *Raw material*

原味吐司1个☆黄奶油适量
黄瓜片5片☆生菜叶1片
火腿片3片☆鸡蛋1个
沙拉酱适量☆色拉油少许

● **工具** *Tool*

刷子、蛋糕刀各1把☆三角
铁板1个

● **做法** *Practice*

1 用蛋糕刀将吐司切成片；锅中注入少许色拉油，打入
鸡蛋，煎至熟透后盛出；锅中加少许色拉油，放入火
腿片，煎至两面呈微黄色后盛出。

2 煎锅烧热，加入少许黄奶油，将吐司煎至金黄色。

3 在一片吐司上刷一层沙拉酱，放上荷包蛋，刷一层沙
拉酱，放上火腿片、生菜叶，再刷沙拉酱，放上黄瓜
片，盖上另一片吐司，制成三明治。

4 用蛋糕刀将三明治从中间切成两半，装盘即成。

难易度 ★ ★ ★ ☆ ☆　　Time 52min

～ 香葱司康 ～

● **材料** *Raw material*

奶油110克☆牛奶250毫升
低筋面粉500克☆细砂糖150克
香葱粒适量☆火腿粒10克
泡打粉27克☆盐2克
蛋黄1个

● **工具** *Tool*

擀面杖1个☆压模1个
刷子1个☆保鲜膜适量

● **做法** *Practice*

1 将低筋面粉倒入容器中，加入细砂糖、盐，撒上香葱
粒、火腿粒。

2 再放入泡打粉、奶油，倒入备好的牛奶，慢慢搅拌一
会儿，揉搓成面团。

3 把面团置于案板上，用保鲜膜包好，冷藏约30分钟，
至面团醒发。

4 取冷藏好的面团，去除保鲜膜，在案板上撒上少许面
粉，用擀面杖把面团擀成约两厘米厚的圆饼。

5 取压模，嵌入圆饼面团中，制成数个小剂子，摆放在
烤盘中，用刷子刷上一层蛋黄，即成香葱司康生坯。

6 烤箱预热，放入烤盘，以上火175℃，下火180℃的温
度，烤约20分钟，取出烤盘放凉即可。

Afternoon tea set 05

奶油泡芙+英国生姜面包+杏仁奇脆饼+
布列塔尼酥饼+丰胸茶

这是一场专属于闺蜜的聚会，在冬日午后暖暖的阳光里，香甜泡芙是必备，生姜面包暖胃驱寒，再来甜蜜的小脆饼和酥饼，一起诉说隐秘心事。

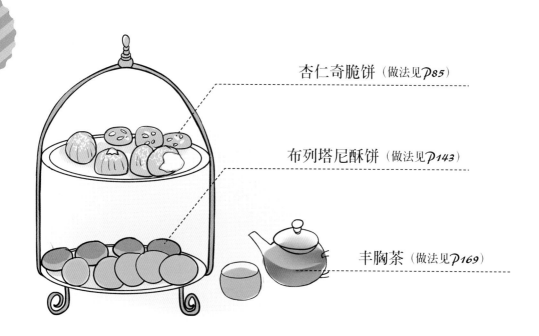

杏仁奇脆饼（做法见*P85*）

布列塔尼酥饼（做法见*P143*）

丰胸茶（做法见*P169*）

◆ 奶油泡芙 ◆   ◆ 英国生姜面包 ◆

～ 奶油泡芙 ～

● **材料** *Raw material*

牛奶110毫升☆水35毫升
黄油55克☆低筋面粉75克
盐3克☆鸡蛋2个☆植物奶
油、糖粉各适量

● **工具** *Tool*

电动搅拌器、长柄刮板、三
角铁板、裱花嘴、筛网各1个
剪刀1把☆裱花袋2个

● **做法** *Practice*

1　将奶锅置于灶上，将牛奶、水倒入，搅拌煮沸，加入
　　备好的黄油，拌至溶化，加入盐。

2　关火，倒入低筋面粉，搅拌均匀，倒入容器中，分次
　　加入两个鸡蛋，用电动搅拌器打匀，装入裱花袋中。

3　将裱花袋剪出一个口，在烤盘上挤面糊，放入预热好
　　的烤箱内，上火190℃，下火200℃，烤20分钟。

4　将植物奶油倒入容器中，用电动搅拌器打至呈凤尾
　　状，装入裱花袋中，用拇指在放凉的泡芙底部戳出一
　　个小洞，将植物奶油挤入泡芙中。

5　将剩余的泡芙依次挤上奶油，筛上糖粉，装盘即可。

～ 英国生姜面包 ～

● **材料** *Raw material*

面团部分
高筋面粉500克☆黄奶油70克
奶粉20克☆细砂糖100克
盐5克☆鸡蛋1个☆水200毫
升☆酵母8克

馅料部分
姜粉10克☆黄奶油20克

● **工具** *Tool*

刮板、搅拌器各1个☆保鲜
膜1张

● **做法** *Practice*

1　将细砂糖、水倒入碗中，搅拌至细砂糖溶化。

2　把高筋面粉、酵母、奶粉倒在案台上，用刮板开窝，
　　倒入糖水，加入鸡蛋，混合均匀揉成面团。

3　将面团拉平，倒入黄奶油、盐，揉搓成光滑的面团，
　　用保鲜膜包好，静置10分钟。

4　取适量面团，稍稍压平，倒入姜粉，搓搓均匀至成纯
　　滑的面团。

5　将面团切成四等份，分别均匀揉成小球生坯，放入烤
　　盘中，常温发酵2小时。

6　将发酵好的生坯放入预热好的烤箱中，温度调至上火
　　190℃，下火190℃，烤10分钟即可。

Afternoon tea set 06

香葱芝士面包+自制丝袜奶茶+忌廉泡芙+
酸奶水果沙拉+苏打饼干

逃离繁琐的工作，营造一个轻松的环境，赶走压力，让心情放松，期待一场简单又优雅的速成下午茶。

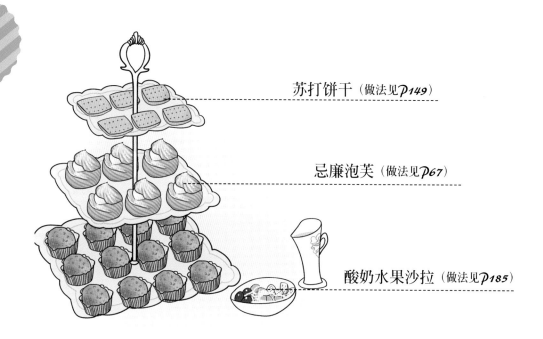

苏打饼干（做法见*p149*）

忌廉泡芙（做法见*p67*）

酸奶水果沙拉（做法见*p185*）

◄ 香葱芝士面包 ►　◄ 自制丝袜奶茶 ►

难易度 ★ ★ ★ ☆ ☆　*Time 155min*

～ 香葱芝士面包 ～

● **材料** *Raw material*

面团部分

高筋面粉500克☆黄奶油70克
奶粉20克☆细砂糖100克
盐5克☆鸡蛋1个☆水200毫
升☆酵母8克

馅料部分

芝士粒、葱花、蛋液各适量

● **工具** *Tool*

刮板、搅拌器各1个☆面包纸
杯数个☆刷子1把☆保鲜膜1张

● **做法** *Practice*

1　将细砂糖、水倒入容器中，搅拌至细砂糖溶化。

2　把高筋面粉、酵母、奶粉倒在案台上，用刮板开窝，倒入糖水，混合均匀，并按压成形。

3　加入鸡蛋，将材料混合均匀，揉搓成面团。

4　将面团拉平，倒入黄奶油、盐，揉搓成光滑的面团，用保鲜膜包好，静置10分钟。

5　将面团分成四个小剂子，搓成球状，制成面包生坯，放入面包纸杯中，常温发酵2小时。

6　备好烤盘，放入发酵好的面包生坯，表面刷上蛋液，放上芝士粒，撒上葱花。

7　将烤盘放入预热好的烤箱中，温度调至上火190℃，下火190℃，烤10分钟即可。

难易度 ★ ★ ☆ ☆ ☆　*Time 2min*

～ 自制丝袜奶茶 ～

● **材料** *Raw material*

红茶1包☆纯牛奶150毫升☆
白砂糖少许

● **做法** *Practice*

1　锅中倒入牛奶，放入红茶包，拌匀。

2　用中火煮至沸腾，撒上少许白糖，拌匀，煮至溶化。

3　关火后盛出煮好的奶茶，装入杯中即可。

红茶司康+甜甜圈+香烤奶酪三明治+
香醇肉桂酥饼+玫瑰红茶

经典司康饼和甜甜圈，小巧玲珑的香脆肉桂酥饼，薄薄的厚度又不失鲜明的
纹理，搭配经典玫瑰红茶，三五知己一起，估计可以从下午畅聊到晚上了。

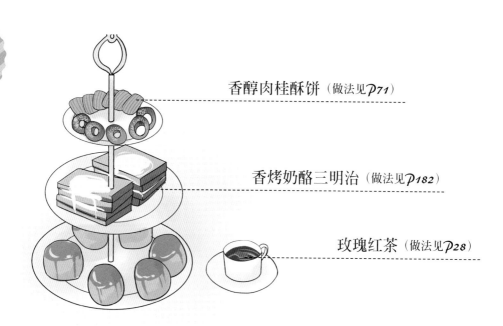

香醇肉桂酥饼（做法见*P71*）

香烤奶酪三明治（做法见*P182*）

玫瑰红茶（做法见*P28*）

◆ 红茶司康 ▶　　　◆ 甜甜圈 ▶

难易度 ★ ★ ☆ ☆ ☆　Time 52min

～ 红茶司康 ～

● **材料** *Raw material*

奶油110克☆泡打粉25克
白糖125克☆低筋面粉100克
牛奶250毫升☆高筋面粉500克
红茶粉、盐各适量☆鸡蛋黄1个

● **工具** *Tool*

擀面杖、压模各1个☆刷子1个

● **做法** *Practice*

1　取一个干净的大碗，倒入高筋面粉、低筋面粉、泡打粉、盐、白糖、红茶粉，再倒入奶油、牛奶，搅拌一会儿，至糖溶化，制成面团。

2　把面团置于案板上，用保鲜膜包好，冷藏约30分钟，至面团醒发；将鸡蛋黄倒入小碗中，打散成蛋液。

3　取冷藏好的面团，去除保鲜膜，在案板上撒上少许面粉，用擀面杖把面团擀成约2厘米厚的圆饼。

4　取压模，嵌入圆饼面团中，制成数个小剂子，摆放在烤盘中，用刷子刷上一层蛋液，即成红茶司康生坯。

5　烤箱预热，放入烤盘，以上火175℃，下火180℃的温度，烤约20分钟，取出待稍微冷却后即可食用。

难易度 ★ ★ ☆ ☆ ☆　Time 3min

～ 甜甜圈 ～

● **材料** *Raw material*

高筋面粉250克☆酵母4克
奶粉15克☆黄奶油35克
纯净水100毫升☆细砂糖50克
蛋黄25克☆糖粉、食用油各适量

● **工具** *Tool*

刮板、筛网、甜甜圈模具各1个☆擀面杖1根

● **做法** *Practice*

1　将高筋面粉、酵母、奶粉倒在面板上，用刮板拌匀铺开，倒入细砂糖、蛋黄，拌匀。

2　加适量纯净水，搅拌均匀，放入黄奶油揉至表面光滑。

3　用擀面杖把面团擀薄，用模具进行压制，制成数个甜甜圈生坯，放入盘中，静置发酵至两倍大。

4　锅中注油烧热，放入甜甜圈生坯，小火炸至两面金黄，捞出装盘待用。

5　取筛网，将糖粉筛在甜甜圈上，即可食用。

巧克力奶油麦芬蛋挞+狮皮香芋蛋糕+
海苔肉松饼干+丹麦黄桃派+橙子汁

悠闲的午后，亲手制作几样精致小点，展现一下自己的巧手艺，点上熏香，和亲密爱人诉说甜蜜的心事。

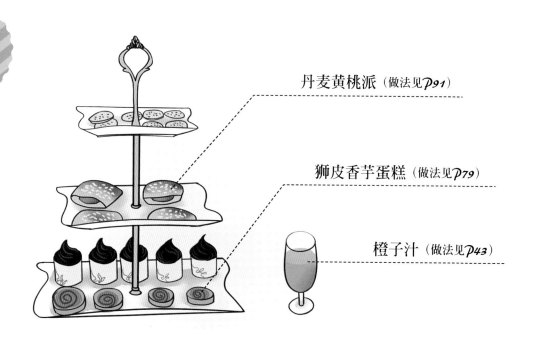

丹麦黄桃派（做法见*p91*）

狮皮香芋蛋糕（做法见*p79*）

橙子汁（做法见*p43*）

◀ 巧克力奶油麦芬蛋挞 ▶

◀ 海苔肉松饼干 ▶

难易度 ★★☆☆☆　*Time 35min*

～ 巧克力奶油麦芬蛋挞 ～

● **材料** *Raw material*

全蛋210克☆盐3克
色拉油60克☆牛奶40毫升
低筋面粉250克☆泡打粉8克
糖粉160克☆可可粉40克
打发植物鲜奶油80克

● **工具** *Tool*

电动搅拌器、裱花袋、长柄
刮板、裱花嘴各1个、蛋糕杯
6个☆剪刀1把

● **做法** *Practice*

1　把全蛋倒入碗中，加糖粉、盐，用电动搅拌器搅匀。

2　加入泡打粉、低筋面粉、牛奶、色拉油，搅拌成纯滑
　的蛋糕浆，装入裱花袋里，用剪刀剪开一个小口。

3　将植物鲜奶油倒入碗中，加入可可粉，用长柄刮板拌
　匀，装入套有裱花嘴的裱画袋里。

4　把裱花袋中的蛋糕浆挤入烤盘蛋糕杯中，装约7分满。

5　将烤箱上火调为180℃，下火160℃，预热5分钟，放
　入蛋糕生坯，烘烤15分钟。

6　取出蛋糕，逐个挤上适量可可粉奶油，装盘即可。

难易度 ★★★★☆　*Time 80min*

～ 海苔肉松饼干 ～

● **材料** *Raw material*

低筋面粉150克☆黄奶油75克
鸡蛋50克☆白糖10克
盐3克☆泡打粉3克
肉松30克☆海苔2克

● **工具** *Tool*

刮板1个☆保鲜膜1张

● **做法** *Practice*

1　将低筋面粉倒在案台上，用刮板开窝，放入泡打粉，
　刮匀，加入白糖、盐、鸡蛋，用刮板搅匀。

2　倒入黄奶油揉搓成面团，加海苔、肉松，揉搓均匀。

3　裹上保鲜膜，放入冰箱，冷冻1小时。

4　取出面团，去除保鲜膜，切成1.5厘米厚的饼干生坯。

5　将饼干生坯放入铺有高温布的烤盘。

6　放入烤箱，以上火160℃，下火160℃烤15分钟至
　熟，取出烤好的饼干即可。

Afternoon tea set 09

红豆司康+水果泡芙+杂蔬火腿芝士卷+杏仁核桃酥+综合蔬果汁

既是好友相待，为何不一起动手，来一场宾主尽欢，吃到饱饱的下午茶。

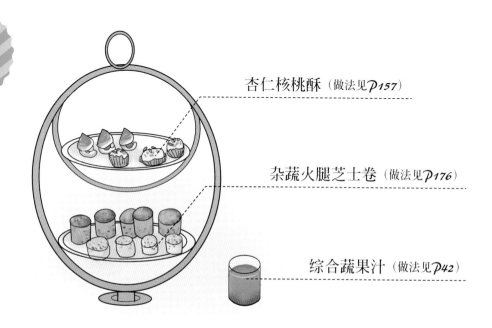

杏仁核桃酥（做法见*p157*）

杂蔬火腿芝士卷（做法见*p176*）

综合蔬果汁（做法见*p42*）

‹ 红豆司康 ›   ‹ 水果泡芙 ›

难易度 ★★ ☆ ☆ ☆　　Time 60min

～ 红豆司康 ～

● **材料** *Raw material*

黄奶油60克☆糖粉60克
盐1克☆低筋面粉50克
高筋面粉250克☆泡打粉12克
牛奶125毫升☆红豆馅30克
蛋黄1个

● **工具** *Tool*

刮板、模具各1个☆刷子1把

● **做法** *Practice*

1 将低筋面粉倒入装有高筋面粉的碗中，拌匀，倒入牛奶、泡打粉、盐、黄奶油、糖粉、红豆馅，混合均匀，揉搓成面团。

2 用保鲜膜将面团包好，放入冰箱冷藏30分钟，取出，用手压平，去除保鲜膜。

3 将模具放在面团上，按压一下，制成圆形面团，放入烤盘，刷上适量蛋黄。

4 将烤盘放入烤箱，以上火180℃，下火180℃烤15分钟至熟，取出装入盘中即可。

难易度 ★★ ☆ ☆ ☆　　Time 40min

～ 水果泡芙 ～

● **材料** *Raw material*

牛奶110毫升☆水35毫升
黄奶油55克☆低筋面粉75克
盐3克☆鸡蛋2个☆已打发的
鲜奶油适量☆什锦水果适量

● **工具** *Tool*

奶锅1个☆玻璃碗1个☆勺子
1把☆电动搅拌器1个、烤箱
1台☆裱花袋2个☆剪刀1把
☆小刀1把☆烘焙纸1张

● **做法** *Practice*

1 锅中倒入牛奶，加入水，用小火加热片刻，加入盐、黄奶油，不停搅拌至溶化。

2 关火后加入低筋面粉，搅匀，倒入玻璃碗中，加入1个鸡蛋，用电动搅拌器搅匀。

3 再倒入1个鸡蛋拌匀，制成蛋糕浆，装入裱花袋，用剪刀在顶部剪一个大小恰当的孔。

4 烤盘垫上烘焙纸，将蛋糕浆挤成大小均等的小圆饼，放入烤箱中，以上火200℃，下火200℃烤20分钟。

5 将鲜奶油装进另一个裱花袋里，用剪刀在裱花袋顶部剪一个小孔。

6 用小刀逐一切开泡芙的侧面且不切断，将鲜奶油挤进每个泡芙切开的小口里，逐一放入什锦水果即可。

Afternoon tea set 10

奶油烘饼+全麦吐司三明治+洛神菊花茶
牛奶面包+芒果冰激凌

下午茶是生活的小情趣，在周末的午后举行一次小小的下午茶聚会，招待二三知己，甜点、冰激凌和酸甜的洛神花茶，既有气氛又有面子。

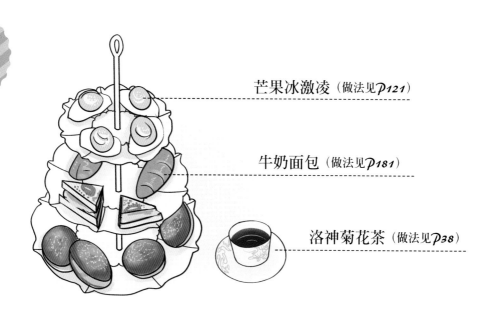

芒果冰激凌（做法见*P121*）

牛奶面包（做法见*P181*）

洛神菊花茶（做法见*P38*）

‹ 奶油烘饼 ›　　‹ 全麦吐司三明治 ›

难易度 ★ ★ ★ ☆ ☆　*Time 135min*

～ 奶油烘饼 ～

● **材料** *Raw material*

酥皮部分

高筋面粉170克☆低筋面粉30克

细砂糖50克☆黄奶油20克

奶粉12克☆盐3克

酵母5克☆水88毫升

鸡蛋40克☆片状酥油70克

白糖40克☆糖粉适量

● **工具** *Tool*

刮板1个☆擀面杖1根

圆形模具1个☆筛子1个

● **做法** *Practice*

1　将低筋面粉和高筋面粉拌匀，倒入奶粉、酵母、盐、水、细砂糖，搅拌均匀。

2　再放入鸡蛋、黄奶油，揉搓成光滑的面团。

3　用擀面杖将片状酥油擀薄，待用。

4　将面团擀成薄片，放上酥油片，将面皮折叠，擀平。

5　先将三分之一的面皮折叠，再将剩下的折叠起来，放入冰箱，冷藏10分钟，取出擀平，重复操作两次，即成酥皮。

7　取适量酥皮，用圆形模具在酥皮上压出两个饼坯，放入烤盘，常温发酵1.5小时，撒上适量白糖。

8　将烤箱上下火均调为190℃，预热5分钟，烤15分钟。

9　糖粉过筛，撒在奶油饼上，装盘即可。

难易度 ★ ☆ ☆ ☆ ☆　*Time 30min*

～ 全麦吐司三明治 ～

● **材料** *Raw material*

鸡蛋1个☆黄瓜4片

红椒圈少许☆芝士1片

生菜1片☆全麦吐司2片

沙拉酱、色拉油、黄奶油各适量

● **工具** *Tool*

刷子、蛋糕刀各1把

● **做法** *Practice*

1　煎锅中倒入少许色拉油，打入鸡蛋，煎至成形，翻面，煎至熟透后盛出。

2　煎锅烧热，放入吐司片，加入少许黄奶油，煎至两面金黄色后盛出。

3　分别在两片吐司上刷一层沙拉酱。

4　在其中一片吐司上放上芝士片、生菜叶，刷上沙拉酱，放上荷包蛋、红椒圈、黄瓜片。

5　盖上另一片吐司成三明治，切成小块，装盘即可。

Part 05

法式下午茶，
浪漫甜蜜的约会

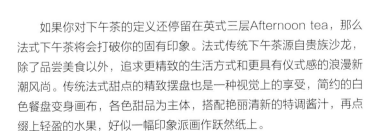

　　如果你对下午茶的定义还停留在英式三层Afternoon tea，那么法式下午茶将会打破你的固有印象。法式传统下午茶源自贵族沙龙，除了品尝美食以外，追求更精致的生活方式和更具有仪式感的浪漫新潮风尚。传统法式甜点的精致摆盘也是一种视觉上的享受，简约的白色餐盘变身画布，各色甜品为主体，搭配艳丽清新的特调酱汁，再点缀上轻盈的水果，好似一幅印象派画作跃然纸上。

Afternoon tea set 01

法兰西依士蛋糕+橙盅酸奶水果沙拉+洋葱培根芝士包

浪漫的法兰西依士蛋糕，配上酸甜的水果，为你的午后时光增添美味。

◀ 橙盅酸奶水果沙拉 ▶

◀ 洋葱培根芝士包 ▶

做法见 *P110*

〜 法兰西依士蛋糕 〜

● **材料** *Raw material*

鸡蛋315克☆细砂糖200克
低筋面粉250克☆色拉油175克
高筋面粉250克☆酵母4克
奶粉15克☆黄油35克
纯净水100毫升☆蛋黄25克
葡萄干30克☆瓜子仁适量

● **工具** *Tool*

刮板、电动搅拌器、方形模具
裱花袋各1个

● **做法** *Practice*

1 将高筋面粉、酵母、奶粉倒在面板上，拌匀。

2 倒入50克细砂糖、蛋黄，加入纯净水，拌匀，放入黄油，将面团揉至表面光滑。

3 将150克细砂糖、鸡蛋倒进容器中，用电动搅拌机打发起泡，加入低筋面粉拌匀，分次慢慢地倒入色拉油，拌匀，放入葡萄干，搅拌匀。

4 面团撕成小块，放入拌好的材料中，用电动搅拌器搅拌均匀，待用。

5 模具中垫上烘焙纸，倒上材料至七分满，撒上瓜子仁，放入烤箱以上火200℃，下火190℃烤25分钟。

6 取出蛋糕装盘，撕掉烘焙纸，切片即可。

Tips

一边搅拌一边倒入色拉油，可以使油更均匀地融入面粉。

〜 橙盅酸奶水果沙拉 〜

● **材料** *Raw material*

橙子1个☆猕猴桃肉35克
圣女果50克☆酸奶30克

● **做法** *Practice*

1 猕猴桃肉切小块；洗好的圣女果对半切开。

2 洗净的橙子切去头尾，从中间分成两半，取出果肉，制成橙盅，再把果肉改切成小块，待用。

3 取一大碗，倒入圣女果、橙子肉块、猕猴桃肉，快速搅拌一会儿，至食材混合均匀。

4 另取一盘，放上做好的橙盅，摆整齐，再盛入拌好的材料，浇上酸奶即可。

Tips

制作橙盅时，注意将边缘修剪整齐，这样沙拉成品会更美观。

Afternoon tea set 02

法式海绵蛋糕 +青柠檬薄荷冰饮+椰香吐司

浪漫甜蜜的海绵蛋糕，搭配冰爽清透的柠檬薄荷茶，别以为法国人的标签都是浪漫优雅，其实也有神经质的时候。

◀ 青柠檬薄荷冰饮 ▶

◀ 椰香吐司 ▶

做法见
P99

难易度 ★ ★ ★ ☆ ☆   *Time 115min*

⌇ 法式海绵蛋糕 ⌇

- **材料** *Raw material*

鸡蛋6个☆低筋面粉200克
细砂糖150克☆黄奶油50克
蛋糕油10克

- **工具** *Tool*

电动搅拌器、长柄刮板、刮板
各1个☆蛋糕刀1把

- **做法** *Practice*

1 把鸡蛋倒入玻璃碗中，加入细砂糖，用自动搅拌器快速搅拌均匀。

2 加入低筋面粉、蛋糕油、黄奶油，快速搅拌成纯滑的面浆。

3 把面浆倒在垫有烘焙纸的烤盘里，用硅胶刮板抹平。

4 取烤箱，放入烤盘，上火调为180℃，下火调为180℃，烘烤20分钟。

5 把烤好的蛋糕取出，放在案台烘焙纸上，撕掉蛋糕底部的烘焙纸。

6 将蛋糕翻面，用刀将蛋糕边缘切齐整，切成小方块，装在盘中即可。

Tips

蛋糕烤好取出，趁热更容易将底部的烘焙纸撕去。撕的时候动作以轻慢为宜，能保持蛋糕的完整外观。

难易度 ★ ☆ ☆ ☆ ☆   *Time 2min*

⌇ 青柠檬薄荷冰饮 ⌇

- **材料** *Raw material*

冰块20克☆青柠檬30克
薄荷叶、蜂蜜、纯净水各少许

- **做法** *Practice*

1 洗好的青柠檬切片，备用。

2 取一个杯子，倒入备好的薄荷叶、蜂蜜、纯净水。

3 用手将青柠檬汁挤入杯中，倒入冰块，搅拌匀，放入切好的青柠檬片即可。

Tips

蜂蜜用量可以根据个人的口味调整。

Afternoon tea set 03

水果乳酪塔+布列塔尼酥饼+抹茶马卡龙

浪漫的环境，精致的餐盘，佐以令人赞叹的甜点，营造生活品位，就从优雅的下午茶开始。

↤ 布列塔尼酥饼 做法见 *P143*

抹茶马卡龙 ↤ 做法见 *P185*

难易度 ★ ★ ★ ★ ☆　*Time 35min*

〜 水果乳酪塔 〜

● **材料** *Raw material*

馅料部分

乳酪100克☆牛奶450毫升

黄奶油90克☆高筋面粉25克

低筋面粉25克☆细砂糖65克

鸡蛋3个☆蛋黄45克

提子适量

派皮部分

低筋面粉125克☆糖粉65克

鸡蛋1个☆黄奶油65克

● **工具** *Tool*

刮板、派皮模具、电动搅拌器、长柄刮板各1个

● **做法** *Practice*

1　将低筋面粉倒在案台上，用刮板开窝，倒入糖粉、鸡蛋、黄奶油，混合均匀，揉搓成光滑的面团。

2　把面团分成两等份，在案台上撒少许面粉，把面团压扁，再压成圆形的薄面皮。

3　将两张面皮叠在一起，压实，制成派皮，压入模具里，去掉边缘部分，整理贴合。

4　把黄奶油倒入容器中，用电动搅拌器搅匀，加入细砂糖搅匀，分两次加入蛋黄，再分两次加入鸡蛋拌匀。

5　倒入高筋面粉、低筋面粉、乳酪，用电动搅拌器搅拌均匀，一边倒入牛奶，一边搅拌成纯滑的面浆，制成馅料。

6　把派皮模具放入烤盘中，倒入馅料至九分满，放上适量提子。

7　把生坯放入预热好的烤箱里，以上火200℃，下火190℃烤约25分钟，取出脱模，装入盘中即可。

Tips

加入黄奶油可提高面团的伸展性，增加成品的柔软度。

Package 04

葡萄干麦芬+柠檬沙拉+梅花腊肠面包

精致迷人的蛋糕总是让人爱不释手，搭配酸甜可口的柠檬沙拉，让整个下午都元气满满，精气神十足。

◄ 柠檬沙拉 ►　　　　　　　　　　　　◄ 梅花腊肠面包 ►　　做法见 *P104*

难易度 ★ ★ ★ ☆ ☆ *Time 25min*

葡萄干麦芬

● **材料** *Raw material*

鸡蛋4个☆糖粉160克
盐3克☆黄油150克
牛奶40毫升☆低筋面粉270克
泡打粉8克☆葡萄干适量

● **工具** *Tool*

长柄刮板1把☆电动搅拌器1个
烤箱1台☆蛋糕纸杯数个

● **做法** *Practice*

1 取一玻璃碗，倒入鸡蛋、糖粉，用电动搅拌器搅匀。

2 加入黄油、盐、泡打粉、低筋面粉，搅拌匀。

3 加入牛奶，一边倒一边搅匀。

4 倒入葡萄干搅匀，制成蛋糕浆。

5 取数个蛋糕纸杯，用长柄刮板将拌好的蛋糕浆逐一刮入纸杯中至七八分满。

6 将纸杯放入烤盘，再放入烤箱，以上火180℃，下火160℃烤15分钟，取出装盘即可。

Tips

若没有低筋面粉，可以用高筋面粉和淀粉以1：1比例进行配制。

难易度 ★ ☆ ☆ ☆ ☆ *Time 4min*

柠檬沙拉

● **材料** *Raw material*

柠檬50克☆雪梨250克
苹果300克☆葡萄少许
蜂蜜、沙拉酱适量

● **做法** *Practice*

1 苹果、雪梨分别去皮，去核，切成块。

2 取一碗，放入雪梨块、苹果块，挤入柠檬汁，倒入蜂蜜、沙拉酱，搅拌均匀。

3 将挤过汁的柠檬切片，摆放在盘子周围。

4 将拌好的沙拉倒在盘子中，用切好的葡萄做装饰即

Tips

可以根据自己的喜好，挤上不同口味的沙拉酱或酸奶，口感会更好。

Afternoon tea set 05

火龙果冻芝士+焦糖布丁+西瓜芒果冰沙

甜蜜浪漫的二人世界，点心种类不必多，但一定要口感丰富。

焦糖布丁 | 做法见 *P120*

西瓜芒果冰沙 | 做法见 *P134*

难易度☆☆☆☆☆　*Time 35min*

火龙果冻芝士

●材料 *Raw material*

饼干100克☆黄奶油90克

芝士液部分

芝士125克☆白糖30克
酸奶150毫升☆吉利丁片1片
牛奶50毫升☆植物奶油90克

火龙果芝士液部分

芝士125克☆白糖30克
火龙果泥150克☆吉利丁片1片
牛奶50毫升☆植物奶油90克

●工具 *Tool*

搅拌器、三角铁板各1个
擀面杖1根☆圆形模具1个

●做法 *Practice*

芝士液做法

1　吉利丁片放入清水中，浸泡2分钟至软。

2　牛奶倒入锅中，加入酸奶、白糖、吉利丁片、植物奶
　油、芝士，搅拌均匀，制成酸奶芝士液。

饼干糊做法

3　把饼干倒入碗中，用擀面杖捣碎，加入黄奶油，混合均
　匀，制成饼干糊，装入圆形模具中，压平，压实。

4　酸奶芝士液倒在糊饼上，放入冰箱里冷冻2小时至定形。

火龙果芝士

5　吉利丁片倒入清水中浸泡2分钟。

6　牛奶倒入锅中，加入白糖、植物奶油、吉利丁片、芝
　士、火龙果，搅匀，煮至溶化，制成火龙果芝士液。

7　取出冻好的酸奶液，倒入火龙果芝士液，放入冰箱冷
　冻2小时至定形。

8　取出蛋糕，脱模，装盘即可。

Tips
脱模时可用电吹风吹热模具边缘，这样更易保持蛋糕的外形完整。

茶具组

1 杯具

一般咖啡杯，容量约为150毫升
意式浓缩咖啡杯容量约60毫升
红茶杯容量约150毫升（宅底宽口）
普通玻璃杯、果汁杯容量约150毫升

2 壶具

陶瓷壶，保温性好，适合冲泡红茶、奶茶，可根据需要选择不同容量。

玻璃壶，冲泡时有较好的视觉效果，适合冲泡水果茶、花茶等，可根据需要选择不同容量。

玻璃凉水壶、果汁壶，容量大，适合用来装果汁或冰镇饮品。

奶泡壶，倒入牛奶，手动不断打入大量空气，制出绵密的奶泡。

3 滤茶网

闷泡红茶后，方便过滤出茶汤，有陶瓷和金属制品。

4 茶匙

可方便分出红茶、绿茶或是普洱茶的分量，可根据需要选择。

5 糖罐（奶盅）

盛放各种糖和牛奶的容器，一般由陶瓷制成。

餐具组

1 点心盘

点心盘可根据需要选择不同的尺寸。

2 点心叉、小汤匙

点心叉可用在点心和水果上；小汤匙用来搅拌饮品。

3 蛋糕铲

切割蛋糕后方便食用，有金属制品和陶瓷制品。

4 小抹刀

用来涂抹奶油或果酱。

5 小碟子

用来盛放奶油或果酱。

6 点心架

点心架分两层点心架和三层点心架，可根据自己的爱好和需要选择喜欢的材质、款式和尺寸。